HYDROGEN ENERGY INDUSTRY TECHNOLOGY AND DEVELOPMENT

氫能產業技術與發展

張釗，師菲芬 著

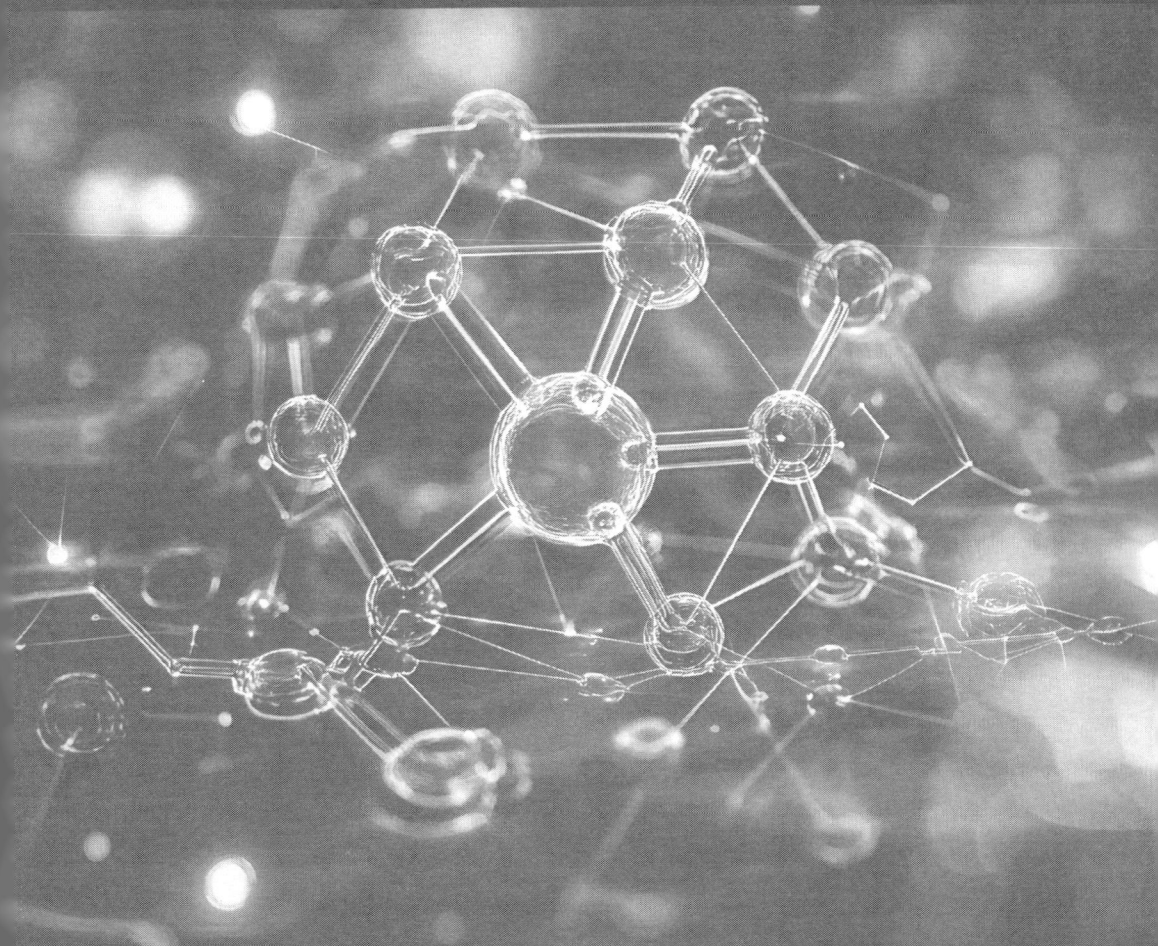

目 錄
CONTENTS

第 1 章　導論 …………………………………………………（ 1 ）

第 2 章　氫能的基本屬性 ……………………………………（ 7 ）

第 3 章　氫能的製取技術 ……………………………………（ 17 ）

第 4 章　氫能的儲存技術 ……………………………………（ 53 ）

第 5 章　氫能的利用技術 ……………………………………（ 87 ）

第 6 章　氫儲能新材料 ………………………………………（109）

第 7 章　氫儲能的應用場景 …………………………………（141）

第 8 章　氫能產業政策 ………………………………………（153）

參考文獻 ………………………………………………………（164）

第1章

導　論

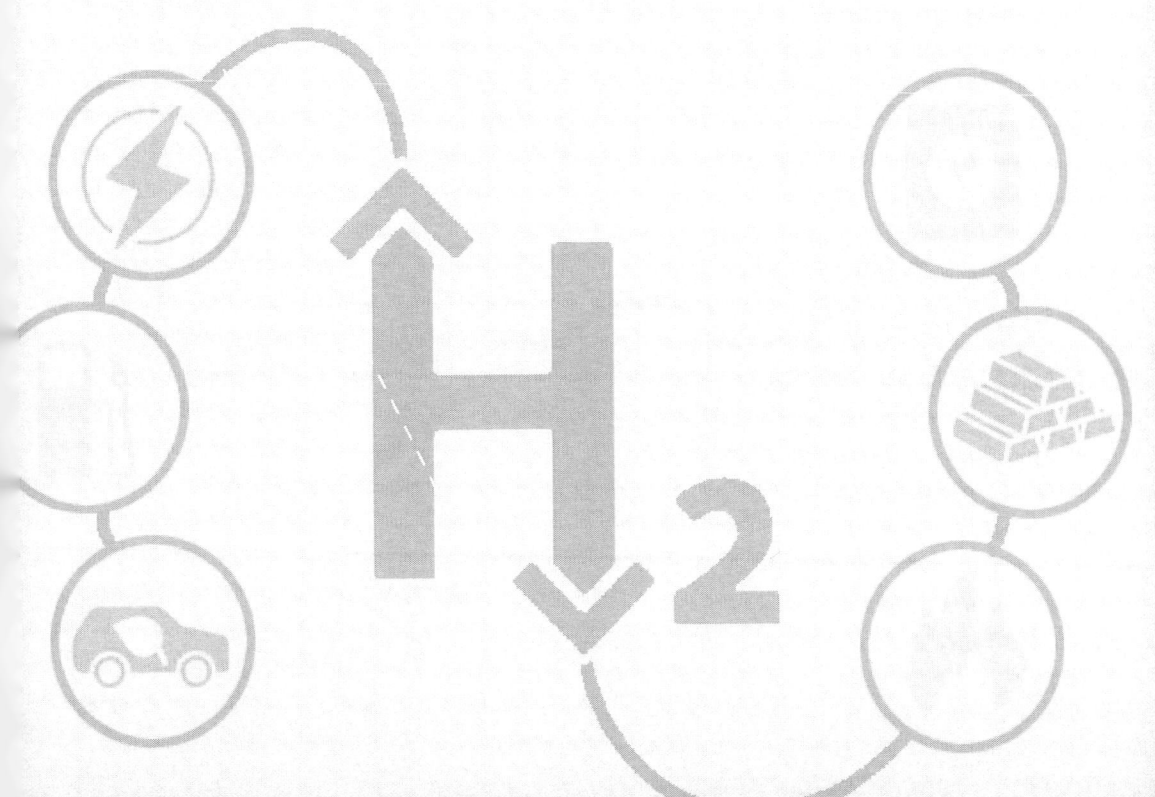

1.1 能源是人類發展的基石

　　人類的發展史就是一部能源史。歷史上曾經歷多次重大能源變革，每一次新能源的開發利用和技術突破，都極大地促進了生產力的提高和文明的進步。人類探索利用新能源及開發新的能源利用技術的腳步從未停止過。能源的開發和利用是人類文明史的重要內容之一，能源更是關乎各國民生與可持續發展乃至國家安全的重大策略問題。原始社會裡火作為最重要的一種「工具」成為人類最早運用能源的一種形式。農業文明時代，通過種植作物與馴養家畜，人類更有效地把太陽能轉化為食物、熱量和動力。農業文明時代的燃料是薪柴，動力有人力、畜力、風力和水力等。距今約6000年前，烏克蘭大草原上的人們將馬馴化為馱獸，來拉運貨車和戰車，用以騎乘。西元1000年前後在波斯出現了風車，在中國沿海及荷蘭等多風地區，也經常能看到風車。1650年的荷蘭，在需要抽水的農村，至少豎立著8000座風車。水車源自中亞和東亞，從歐亞大陸到北非，在大河溪流之畔，經常能看到水車。古人類在70萬年前就已經開始使用柴、木作為燃燒能源，從幾十、幾百萬年前到1790年前後，人類一直都處於柴薪能源階段，亦即能源利用的第一個階段。

　　伴隨著第一次工業革命的到來，瓦特改良蒸汽機的出現，人類擷取和使用能源的效率得到極大提升，開始逐漸邁入化石能源的新階段。19世紀末，以石油為燃料的內燃機被發明出來。此後不久，效率更高的柴油機和渦輪機先後問世。19世紀末20世紀初，隨著內燃機的發明、應用和改進，汽車和飛機被製造出來並應用於生產和生活中，對於煤、石油的需求也就越來越多；一個多世紀以來，驅動了轎車、卡車與曳引機的內燃機，可以說是地球上最有影響力的發明之一。整個20世紀，人類嚴重依賴石油，使石油成為決定國際事務、影響世界歷史變遷的主要因素之一。直到21世紀的今天，我們的能源消耗結構類型仍未發生根本改變，基本上處於第二個階段，也就是化石能源階段。化石能源不僅總有一天會消耗完，而且使用化石能源還會造成巨大的環境汙染，因此以清潔能源為代表的新能源也必然是人類能源發展的趨勢。

　　第一個階段我們走過了百萬年的歷程，第二個階段從開始到現在也不過200多年的歷史，第三個階段可能在不久的將來，屆時我們將進入一個以可再生能

源、清潔能源為主的新能源階段。雖然新能源全面取代目前的化石能源還稍顯困難，但種種跡象都顯示出新能源的巨大發展潛力。

1.2 近代能源歷史的發展

隨著科學技術的進步和社會的發展，對於能源的利用形式也越發高效、多樣。天然氣是儲藏於地層中的烴類和非烴類氣體混合物。現代意義上的天然氣開發利用始於1920年代的美國，最初主要作為照明、取暖和炊煮的燃料。在美國，二戰後特別是1970年代以來，隨著輸送管道網路的發展，天然氣在居民生活和工業中得到廣泛應用。1965年以後，天然氣在西歐一些國家也得到較快發展。如今，天然氣在很多國家都成為一種不可或缺的能源，特別是在民生領域。

19世紀中葉，對更為便捷靈活的動力和交通運輸條件以及更充足照明的需求促進了人類歷史上新的一次重大能源進步的發生——電力的發明和應用。到19世紀末，西方社會迅速進入了電氣化時代。電力被人類學家視為現代文明的重要象徵。

20世紀尤其是20世紀下半葉，人類在能源開發利用的道路上又取得了重大突破，通過控制原子核的變化——核分裂和核融合來擷取巨大的能量。1930、1940年代，納粹德國和美國等都進行了核分裂實驗。通過實施曼哈頓工程，美國取得成功並在日本廣島和長崎投下兩顆原子彈。二戰後人類希望和平利用核能。1950年代，蘇聯、英國和美國先後建設用於發電的核反應堆。其後，世界大部分工業化國家紛紛建造自己的核反應堆用來發電。然而，頻發的核事故消解了人們對核電的熱情，發展核電也遭遇了越來越大的阻力。

回顧人類對能源開發利用的歷史，可以得出以下幾點啟示。首先，人類開發利用的能源類型一直在拓展，能源開發利用技術也在不斷進步。這種拓展和進步的動力源於既有能源結構對人類生存和發展的制約。從根本上說，為人類對更有效率的生產和更便捷生活的追求提供了原動力。其次，能源結構的演進有歷史的階段性。能源的轉型往往是一種緩慢的、長期的過程，一個新能源時代的到來並不意味著原有能源利用方式的消失。再次，在歷史發展的進程中，能源的豐富與能源類型的轉換固然重要，但更重要的是能源技術的創新及能源新用途的發現。在很多情況下，並非因獲得豐富的能源，而是能源技術創新造就了不同國家和地

區發展的差異。最後，隨著經濟社會的發展和人口的增加，人類對能源的需求也一直在成長，不斷成長的需求與能源稀缺構成了一對矛盾，由此也成為引發各種社會衝突的一大根源。

目前，在能源問題上人類依然面臨諸多挑戰：首先是對煤炭、石油和天然氣等化石能源的過度依賴。目前尚無其他足夠豐富廉價的能源取代化石燃料，由此也導致化石能源短缺與巨大的能源需求的矛盾。其次，化石燃料是導致空氣汙染和引起氣候變化的二氧化碳等有害氣體的主要來源，這將使對流層溫度升高，南北極冰蓋消融和海平面上升，進一步破壞全球生態平衡，引發一系列環境問題。

基於化石能源短缺及其環境影響，推動實現能源轉型和替代顯得十分緊迫。迄今，能源多樣化已經成為一種現實選擇和趨勢，諸如太陽能、海浪能和潮汐能及地熱能等，都已成為人類利用的新能源。不過，這些能源在現有能源利用結構中僅占很小比重，而且還存在著不少侷限。另外，挖掘現有能源潛力的技術創新也是解決能源短缺的一條重要途徑。對於個人來說，應增強能源節省意識，轉換消費觀念，倡導極簡生活方式，減少能源消耗和浪費，為建設生態文明作出貢獻。

1.3　氫能時代已悄然而至

氫技術已經存在了幾個世紀。在 18 世紀早期的幾十年裡，許多工程師利用這種神奇的元素發明了他們的第一臺引擎。然而迄今為止，人類能源利用的歷史已經選擇了不同的技術路線來供給日常的取暖、交通和工業化需求。

為什麼氫作為一種能量載體扮演著如此重要的角色？最直觀地說，氫氣分子提供了單位質量最高的儲能值：其燃燒熱達到 120MJ/kg，並隨著產出水的冷凝上升到 142MJ/kg。這一價值是其他任何化學物質所無法超越的。

此外，氫具有許多優點，它的來源廣泛，並且可以通過清潔和高效的途徑轉化為其他形式的能源。當然，氫能也有一些尚待解決的不足：氫氣作為一種輕質氣體，與甲烷($36MJ/m^3$)相比，每體積儲存的能量很低($11MJ/m^3$)。因此，為了儲能，氫氣必須被壓縮或液化，管道運輸需要移動更大的體積。作為一種反應活性極高的氣體，氫氣的儲運需要有足夠的防護措施。而大量的科學研究與產業技術人員，正在著力研發技術解決方案克服這些困難，以推進氫儲能技術更多地應

用於工業和民用領域。

　　我們與能源的關係歷史似乎是一部追求降低碳含量的歷史，儘管並非有意為之。人類文明的每一步似乎都意味著碳排放的減少，從而朝著純氫態解決方向邁進。每一次能源系統的更迭都源於知識、技術的跨越式發展，以滿足更高的能源需求。我們從木材開始探索，然後轉向煤炭。石油的發現帶來了能量密度更高的燃料，推動了交通革命。接下來的天然氣讓我們離氫更近了一步，以天然氣資源為能源載體的需求迫使我們研發了新的儲存、運輸和利用技術。與此同時，每一次能源載體的更迭都使得新材料和新技術爆發式進步，並朝著高效能、複雜化和協同化方向演進，將化石資源的利用方式從純粹的能源轉化變為更廣泛的材料來源，深刻地影響著建築、能源、化工、醫藥等行業以及與我們日常生活相關的方方面面。

第2章

氫能的基本屬性

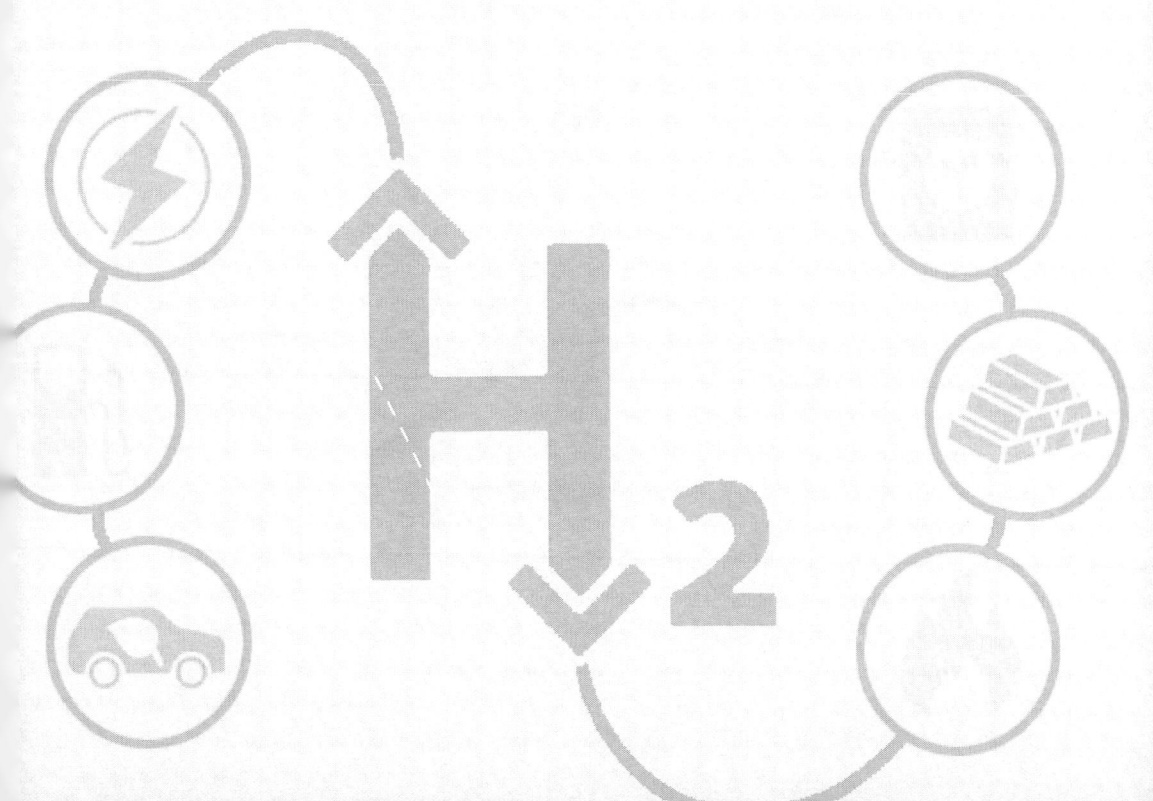

全球氣候變化、環境汙染、資源緊缺等問題日益凸顯，加強對環境、社會、治理的關注已成為全球共識。氫能是一種來源豐富、綠色低碳、應用廣泛的二次能源，正逐步成為全球能源轉型發展的重要載體之一。

2.1　氫能的歷史

在化學元素的發現歷史上，很難確定氫是誰發現的，因為曾經有不少人從事過製取氫的實驗。16世紀末期，瑞士化學家帕拉塞爾蘇斯注意到一個現象，酸腐蝕金屬時會產生一種可以燃燒的氣體，也就是說他無意中發現了氫氣。1671年，愛爾蘭著名哲學家、化學家、物理學家和發明家羅伯特·波以耳也曾經研究過氫氣，而且他描述了氫氣的性質。科學發現屬於誰主要取決於科學發現本身的定義。在科學史上，人們最終把氫氣的發現者確定為亨利·卡文迪許。因為是他最先把氫氣收集起來，並仔細加以研究，確定了氫氣的密度等關鍵性質。

英國劍橋大學著名物理學家和化學家卡文迪許（圖2-1），1731年10月10日出生於法國尼斯，1810年2月24日卒於英國倫敦，享壽78歲，以發現氫氣和準確測定地球密度聞名。

圖2-1　英國科學家卡文迪許

1766 年，卡文迪許把一篇名為《論人工空氣》的研究報告提交給英國皇家學會。在這一論文中，所論及的除碳酸氣外，主要講的就是氫氣。卡文迪許用鐵和鋅等與鹽酸及稀硫酸反應的方法製取氫氣，並將氫氣用水銀槽法收集起來。他發現，用一定量的某種金屬與足量的各種酸作用，所產生的氫氣量總是固定不變的，與酸的種類和濃度無關。他還發現，氫氣與空氣混合點燃會發生爆炸。所以卡文迪許稱這種氣體為「可燃空氣」。並指出，這種氣體比普通空氣輕 11 倍，不溶於水或鹼溶液。

1781 年，英國化學家卜利士力在做有關「可燃空氣」的實驗時，發現它和空氣混合爆炸後有液體產生。卜利士力把這一發現告訴了卡文迪許，卡文迪許用多種不同比例的氫和空氣的混合物進行實驗，證實了卜利士力的發現，並斷定所生成的液體是水。卡文迪許指出，如果把氫氣和氧氣放在一個玻璃球裡，再通上電，就生成水。當氧氣被發現後，卡文迪許用純氧代替空氣重複以前的實驗，不僅證明氫氣與氧氣化合成水，而且定量地確認大約 2 體積氫氣與 1 體積氧氣恰好化合成水，該結果發表於 1784 年。由於卡文迪許是燃素學說的虔誠信徒，所以他認為，金屬中含有燃素，當金屬在酸中溶解的時候，金屬所含的燃素釋放出來，形成了這種「可燃空氣」。儘管卡文迪許首先發現了氫氣，並首先證明了氫氣和氧氣反應的定量關係，但由於受到傳統理論的束縛，他並沒有正確認識到氫氣發現的重要價值。

法國著名化學家安托萬·拉瓦節重複了卡文迪許的實驗，明確提出正確的結論，水不是一個元素，而是氫和氧的化合物。拉瓦節於 1787 年確認氫是一種元素，將這種氣體命名為氫，意思是「成水元素」。拉瓦節 1794 年 5 月 8 日死於斷頭臺上，成為現代科學史上的重大災難。

2.2　什麼是氫能

位於元素週期表中第一位的元素氫（H），是宇宙間最豐富的元素。氫氣（H_2）是世界上已知的最輕的氣體，其密度僅為空氣的 1/14，難以液化（沸點 $-252.87°C$、臨界溫度 $-239.9°C$、凝固點 $-259.14°C$），化學性質活潑、能燃燒、能與許多金屬和非金屬直接化合，被譽為「21 世紀的終極能源」。

氫能是氫的化學能，即氫元素在物理與化學變化過程中所釋放的能量。氫氣

和氧氣可以通過燃燒產生熱能，也可以通過燃料電池轉化成電能。由於氫氣必須從水、化石燃料等含氫物質中製得，而不像煤、石油和天然氣等可以直接從地下開採，因此是二次能源。氫在地球上主要以化合態的形式出現，是宇宙中分布最廣泛的物質，它構成了宇宙質量的 75％，還具有導熱良好、清潔無毒和單位質量熱量高等優點，相同質量下所含熱量約是汽油的 3 倍。

2.3　氫能的特性

氫能在全球應對氣候變化和碳減排中被寄予厚望，主要由於其具有以下幾大特性，如圖 2-2 所示。

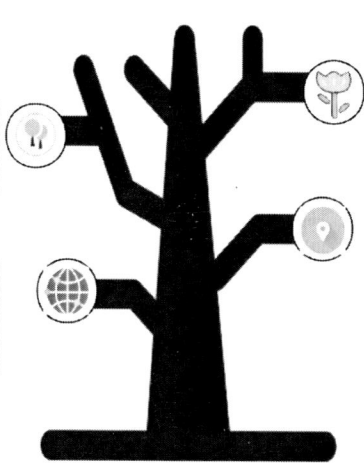

圖 2-2　氫能特性示意圖

氫是地球上分布最廣的元素之一，以化合態存在於各種化合物中，如水、煤、天然氣、石油及生物質中，被譽為 21 世紀的終極能源。但氫氣易造成鋼設備的氫致開裂及氫腐蝕，疊加其每立方公尺釋放熱量較低的性質，在氫氣壓縮和氫氣儲運技術尚未成熟前，影響了人們對氫氣的認知。實際上，氫能是高效環保的二次能源，能量密度與相對安全性高於其他燃料和能源儲存形式（如圖 2-3 所示）。其能量密度高，是汽油的 3 倍多；其使用效率高，燃料電池的能量轉換效率是傳統內燃機的 2 倍；其反應產物是水，排放產物絕對乾淨，沒有汙染物及溫室氣體排放；安全性相對可控，引爆條件比汽油更為嚴苛；其儲備豐富，未來氫能的製取存在更多的可能性。

第2章 氫能的基本屬性

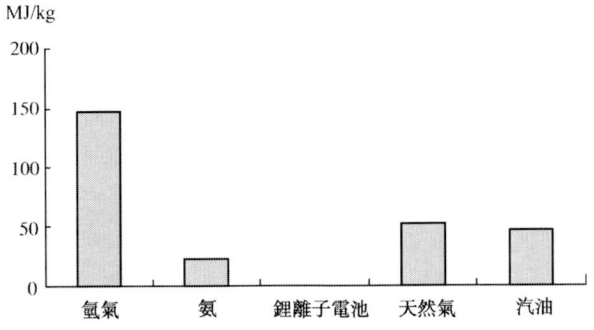

圖 2-3 氫氣與其他能源形式的能量密度對比圖

氫氣和汽油、天然氣熱值與相對安全性對比見表 2-1。

表 2-1 氫氣和汽油、天然氣熱值與相對安全性對比

項目	氫氣	汽油	天然氣
常溫下的物理狀態	氣體	液體	氣體
熱值/(MJ/kg)	120	41.84	46.03
點火能量/MJ	0.02	0.2	0.29
擴散係數/(m²/s)	6.11×10^{-5}	0.55×10^{-5}	1.6×10^{-5}
爆炸極限/%	4.1~75	1.4~7.6	5.3~15

資料來源：中國氫能聯盟。

2.4 氫能助推實現零碳經濟

縱觀能源發展史，人類社會經歷了三次工業革命，三次能源的升級換代體現了「三大經濟」形態。瓦特發明蒸汽機，促使能源從木柴向煤炭的第一次重大轉換，表現為「高碳經濟」；戴姆勒發明內燃機，完成從煤炭向油氣的第二次重大轉換，呈現出「低碳經濟」；現代科技進步與當今環保要求推動傳統化石能源向氫能等非化石新能源的第三次重大轉換，全球有望逐步邁向「零碳經濟」，如圖 2-4 所示。

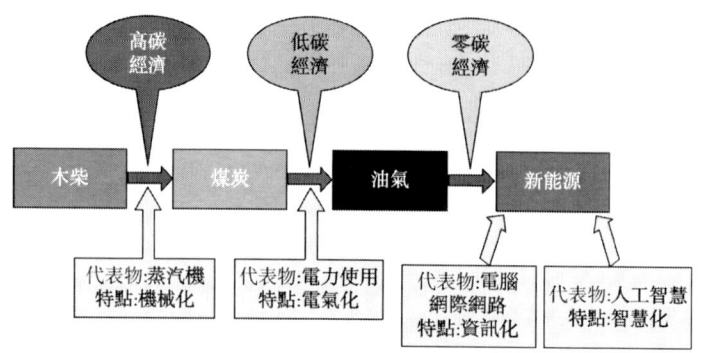

圖 2－4　全球能源體系轉型示意圖

從全球能源結構看，化石能源在整個體系中占比最高（如圖 2－5 所示）。2021 年全球終端能源消費中，石油、天然氣、煤炭分別占 31.96％、25.21％ 和 27.77％，化石能源消費共占比 84.94％，是全球碳排放的主要來源。其中可再生能源占比從 2011 年的 2.05％ 上升至 5.70％，上漲幅度為 178％，但核能、水電、可再生能源等清潔能源占比僅從 12.16％ 上升至 15.06％，總體成長幅度較為緩慢。

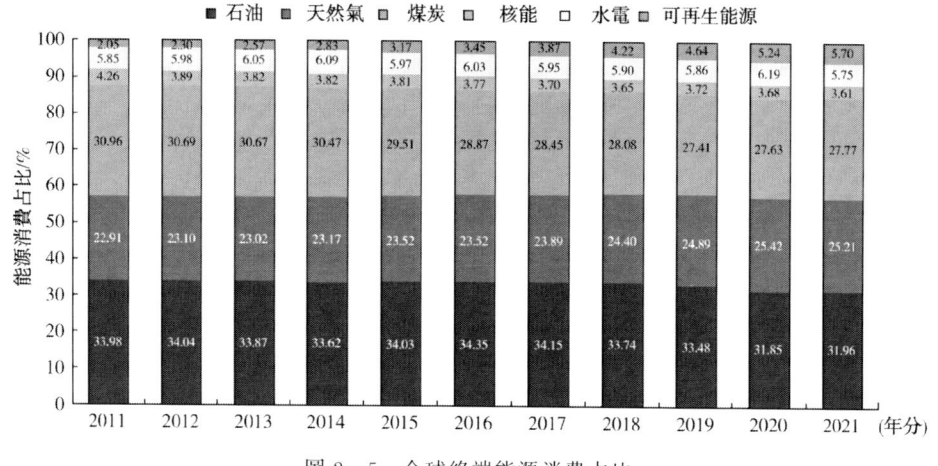

圖 2－5　全球終端能源消費占比

若想實現 2050 年邁入「零碳經濟」的願景，未來全球能源結構的重大調整勢在必行。能源過渡委員會（ETC）預測，2050 年零碳場景下，直接電力和氫氣將成為未來全球能源結構中最為重要的兩個組成部分，分別占比 68％ 和 13％；氫基氨合成燃料占比 5％，其他能源如生物質等占比 14％。預計到 2050 年，全球每年將需要 5 億～8 億 t 清潔氫，是當前氫氣消耗的 5～7 倍。氫氣（及其衍生品）

第2章 氫能的基本屬性

將作為直接電力最為重要的補充，在鋼鐵、長途航運、儲能、化肥生產等領域發揮不可替代的作用。

2.5 氫能未來市場規模

2016年《巴黎協定》正式簽署，提出21世紀後半葉實現全球淨零排放，同時提出控制全球溫升較工業化前不超過2℃，並努力將其控制在1.5℃以下的目標（下文簡稱1.5℃目標）。為了實現2℃的溫升目標，全球碳排放必須在2070年左右實現碳中和；如果實現1.5℃的目標，全球需要在2050年左右實現碳中和。截至目前，已有超過130個國家和地區提出了實現「零碳」或「碳中和」的氣候目標，其中包括歐盟、英國、日本、韓國在內的17個國家和地區已有針對性立法。零碳願景成為全球範圍內氫能發展的首要驅動力，大力發展綠氫是實現碳中和路徑的重要抓手。

2.5.1 全球市場規模

在全球低碳轉型的進程中，清潔氫能將發揮重要作用。根據高盛公布的報告，目前全球氫能市場的總規模約為1250億美元，到2030年將在此基礎上翻一番，到2050年達到兆美元市場規模。隨著可再生能源製氫技術的突破和成本的降低，氫能在全球能源市場中的占比也將進一步提升。

國際能源機構針對2050年氫能在全球能源總需求中的占比進行了預測（如圖2-6所示），其中最樂觀的為氫能委員會和彭博新能源財經，預測到2050年氫能在總能源中的占比將達22%，其餘幾家機構的預測值在12%～18%間不等。不管基於哪個預測，與氫能目前在全球能源中約0.1%的占比相比，都將實現根本上的成長。

以國際再生能源機構12%的占比預測為例，清潔氫能產量將從目前幾乎可以忽略不計的基礎提升到2050年的6.14億t，在氫能的幾大行業重點應用領域，包括交通、工業和建築中清潔氫能的總消耗量也將在目前基礎上得以大大提升。目前清潔氫能在交通業總能源中的占比約為0.1%，預計到2030年將上升到0.7%，到2050年將達到12%的占比（表2-2）。

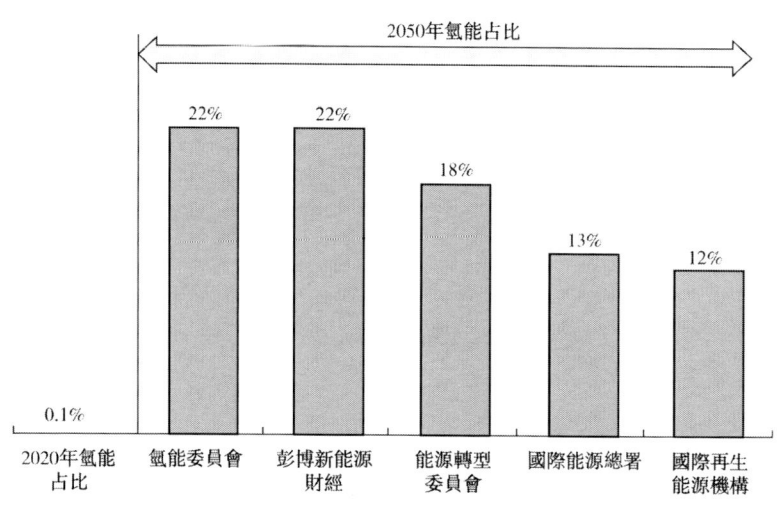

圖 2－6　國際能源機構對 2050 年氫能在全球能源總需求中占比的預測圖
資料來源：畢馬威分析 Statista。

表 2－2　國際再生能源機構對實現 1.5℃ 目標情境下的全球氫能預測

核心指標	2020 年	2030 年	2050 年
清潔氫能產量/(億 t/a)	0	1.54	6.14
清潔氫能在總能源消耗中的占比/%	<0.1	3	12
清潔氫能在交通業總能源消耗中的占比/%	<0.1	0.7	12
氨、甲醇、合成燃料在交通業總能源消耗中的占比/%	<0.1	0.4	8
清潔氫能在工業中的總消耗量/(EJ/a)	>0	16	38
清潔氫能在建築業中的總消耗量/(EJ/a)	0	2	3.2
氫能及其衍生物的總投資/(10 億美元/a)		133	176
氫能及其衍生物對能源行業碳減排的貢獻率/%			10

此外，國際氫能貿易的發展潛力也不容忽視。國際再生能源機構預計，到 2050 年，全球約 25％的氫能可以跨境交易，主要依靠現有天然氣管道的改造及氨船進行運輸。氫能的進出口將形成新的貿易網路，該機構預計到 2050 年，通過管道輸送氫氣的主要出口國將包括智利、北非和西班牙，它們合計將占管道貿易市場的近 3/4。北非和西班牙擁有太陽能資源和靠近歐洲西北部的優勢，歐洲地區對氫的需求量很大，但可再生資源貧乏，也有現成的天然氣管道可以利用。日本、韓國等國將成為氫能的主要進口國。

2.5.2 中國市場規模

自2020年「雙碳」目標提出後，中國氫能產業熱度攀升，發展進入快車道。2021年中國年製氫產量約3300萬t(如圖2-7所示)，同比成長32%，成為目前世界上最大的製氫國。中國氫能產業聯盟預計到2030年碳達峰期間，中國氫氣的年需求量將達到約4000萬t，在終端能源消費中占比約為5%，其中可再生氫供給可達約770萬t。到2060年碳中和的情境下，氫氣的年需求量將增至1.3億t左右，在終端能源消費中的占比約為20%，其中70%為可再生能源製氫。

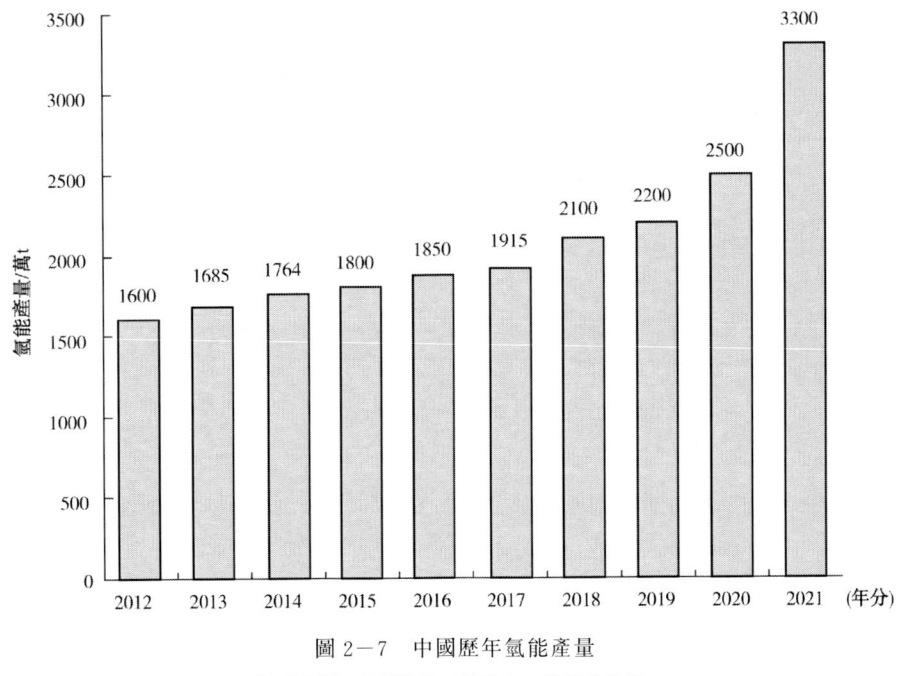

圖2-7 中國歷年氫能產量
資料來源：中國煤炭工業協會、畢馬威分析。

從圖2-8的氫氣產量結構來看，中國氫氣總產量達到2500萬t，主要來源於化石能源製氫(煤製氫、天然氣製氫)；其中，煤製氫占中國氫能產量的62%，天然氣製氫占比19%，而電解水製氫受制於技術和高成本，占比僅1%。從全球製氫結構來看(如圖2-9所示)，化石能源也是最主要的製氫方式，其中天然氣

占比 59%，煤占比 19%。

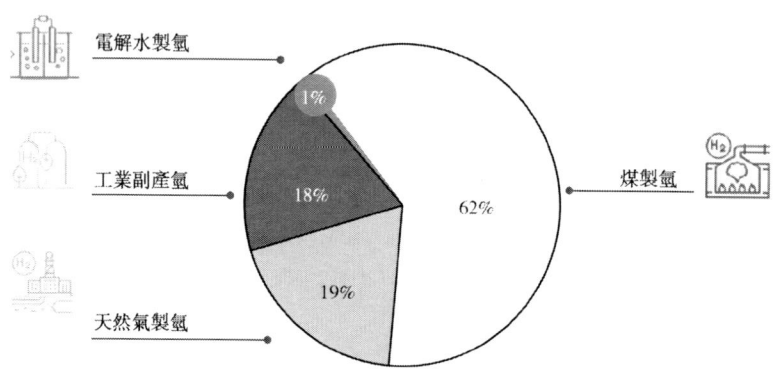

圖 2-8　中國不同製氫技術的氫氣產量結構圖

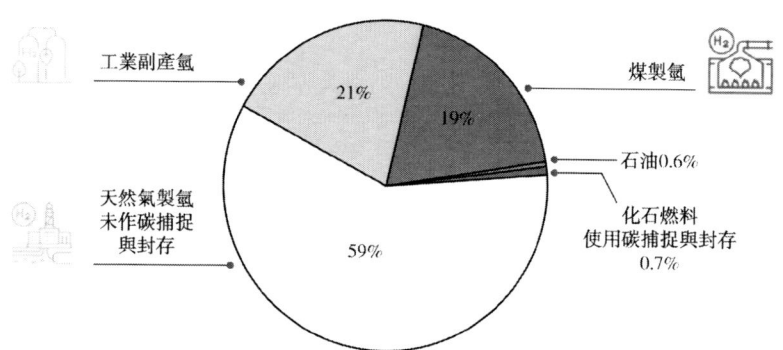

圖 2-9　全球不同製氫技術的氫氣產量結構圖

資料來源：IEA、畢馬威分析。

因碳排放量巨大，化石能源製氫在「雙碳」目標進程中將逐漸被淘汰，而工業副產氫既可減少碳排放量，又可以提高資源利用率與經濟效益，可以作為氫能發展初期的過渡性氫源加大發展力度。

第3章

氫能的製取技術

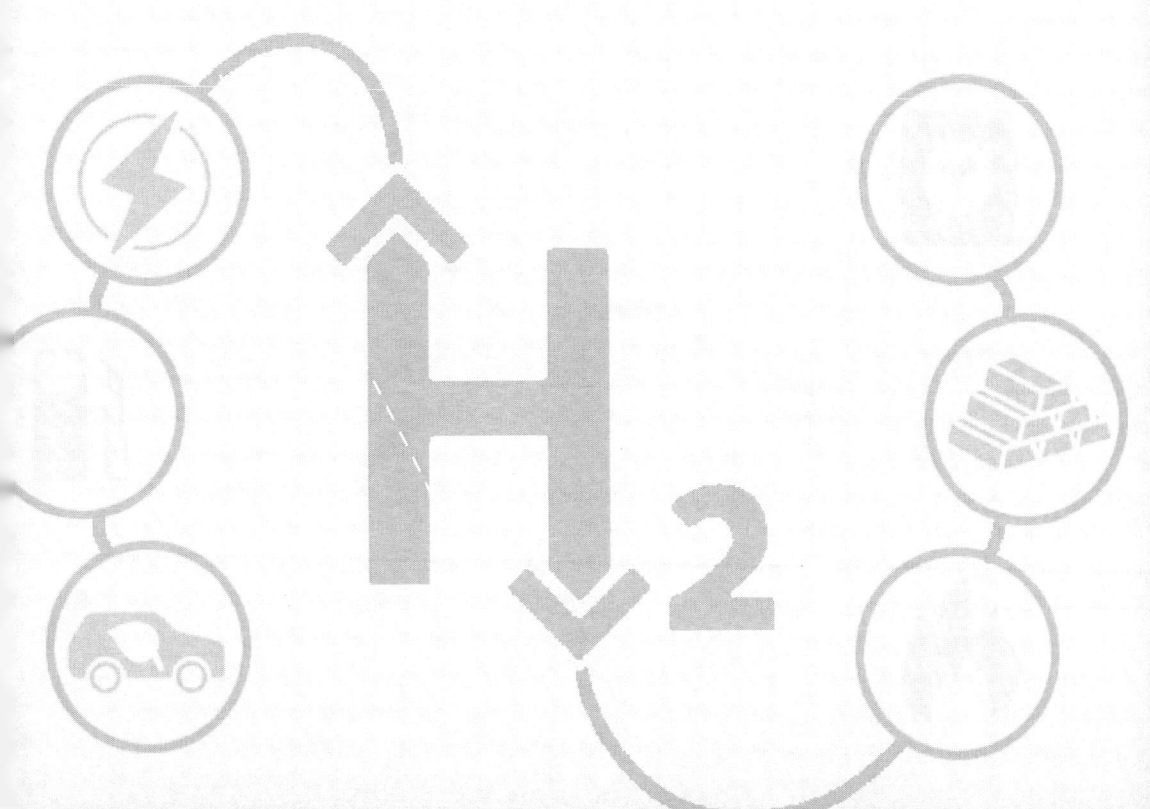

在距今約140億年前，宇宙處於一片混沌，伴隨著「宇宙大爆炸」的發生，誕生了質子、中子、電子等構成物質的基本粒子，以及位於元素週期表上第一位的元素——氫。接著，氫元素中含有多個中子的氘和氚在高溫和高壓下融合生成質子數為2的氦元素。而生成的氦和氫繼續反應，最終，在核融合與核分裂的作用下，形成了構成多姿多彩世界的各種元素。氫（H）的原子質量為1.0079u，是最輕的元素，也是宇宙豐度最高的元素。但是，在地球上和地球大氣中只存在極稀少的游離狀態氫，在地球表面的空氣中，氫氣約占總體積的0.5×10^{-6}。由於氫的化學性質相對活潑，氫元素在地球上主要以化合物的形式存在於水、化石燃料等自然資源中，而氫能作為一種二次能源，需要通過現代製氫技術進行提取儲存，並加以利用。

隨著全球氣候危機的日益嚴峻，碳減排已不是未來的挑戰，而是眼前緊迫需要應對的現實議題。應對氣候變化、減排、溫室氣體，能源領域是基礎和關鍵，保障能源安全、優化能源結構、發展綠色清潔能源是重要的措施，氫能日益受到國際社會的重視，氫能產業的發展對限制和減少碳排放具有重要意義。而氫能產業的源頭即為氫能的製取，氫可以由化石能源製得，也可以由可再生能源（電解水）獲得。人們根據製氫全過程的低碳、清潔程度，把不同的製氫技術製得的氫氣分別以灰氫、藍氫、綠氫來進行劃分。

灰氫，是煤炭、天然氣、化工工廠等化石原料製備的氫，在生產過程中會有二氧化碳等的排放，沒有實現低碳，當前全球主要製氫產能都屬於灰氫。藍氫，是在灰氫的製備過程採用「無碳」技術手段，實現近零排放，在藍氫的製備過程中可以將二氧化碳副產品擷取、利用和封存（CCUS），從而實現碳中和。雖然天然氣也屬於化石燃料，在生產藍氫時也會產生溫室氣體，但由於使用了CCUS等先進技術，溫室氣體被擷取，減輕了對地球環境的影響，實現了低排放生產。綠氫，主要是通過水電解（太陽能、水電、風電等可再生能源和核電）進行製氫，實現製氫的無碳、綠色，從源頭上實現了二氧化碳零排放，是純正的綠色新能源，也是發展氫能的初衷和目標。

本章通過不同製氫技術的分類介紹，旨在為讀者提供全面而深入的氫能製取知識，從理論和實踐兩個方面介紹氫能的製取方法、基礎知識、應用和市場前景，以及氫能製取的可持續性和環境影響等方面。

第3章 氫能的製取技術

3.1 化石能源製氫

3.1.1 煤製氫

眾所周知，中國的能源資源呈現多煤少油貧氣的特徵，煤炭目前仍是中國的主要能源之一，也是中國製氫的主要原料。雖然煤焦化副產的焦爐氣也可用於製氫，但煤氣化製氫目前在中國氫氣生產中占據主導地位。煤氣化製氫是指煤在高溫常壓或加壓下，與氣化劑反應轉化成合成氣。氣化劑為水蒸氣或氧氣(空氣)，氣體產物中含有氫氣等組分，其含量因不同氣化方法而異，再經水煤氣變換分離處理以提取高純度的氫氣。煤氣化製氫的工藝過程一般包括煤氣化、煤氣淨化、CO變換以及氫氣提純等主要生產環節，如圖3-1所示。

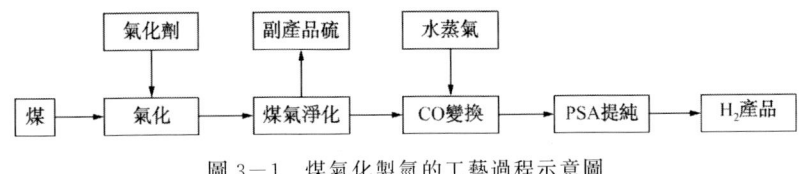

圖3-1 煤氣化製氫的工藝過程示意圖

用煤製取氫氣的關鍵核心技術是先將固體的煤轉變成氣態產品，即經過煤氣化技術，然後進一步轉換製取氫氣。氣化過程是煤炭的熱化學加工過程，它是以煤或煤焦為原料，以氧氣(空氣、富氧或工業純氧)、水蒸氣作為氣化劑，在高溫高壓下通過化學反應將煤中的可燃部分轉化為可燃性氣體的工藝過程。氣化時所得的可燃氣體成分為煤氣，作為化工原料用的煤氣一般被稱為合成氣。除了煤炭外，還可以採用天然氣、重質石油組分等為原料。進行氣化的設備稱為煤氣發生爐或氣化爐。

煤炭氣化包含一系列物理、化學變化。一般包括乾燥、熱解、氣化和燃燒四個階段。乾燥屬於物理變化，隨著溫度的升高，煤中的水分受熱蒸發。其他屬於化學變化，煤在氣化爐中乾燥以後，隨著溫度的進一步升高，煤分子發生熱分解反應，生成大量揮發性物質(包括乾餾煤氣、焦油和熱解水等)時煤黏結成半焦。煤熱解後形成的半焦在更高的溫度下與通入氣化的氣化劑發生化學反應，生成以一氧化碳、氫氣、甲烷及二氧化碳、氮氣、硫化氫、水等為主要成分的氣態產

• 19 •

物，即粗煤氣。氣化反應包括很多的化學反應，主要是碳、水、氧、氫、一氧化碳、二氧化碳相互間的反應，其中碳與氧的反應又稱燃燒反應，提供氣化過程的熱量。

氣化過程的主要反應如下：

（1）水蒸氣轉化反應

$$C + H_2O \longrightarrow CO + H_2 \qquad (3-1)$$

（2）水煤氣變換反應

$$CO + H_2O \longrightarrow CO_2 + H_2 \qquad (3-2)$$

（3）部分氧化反應

$$C + 0.5O_2 \longrightarrow CO \qquad (3-3)$$

（4）完全氧化（燃燒）反應

$$C + O_2 \longrightarrow CO_2 \qquad (3-4)$$

（5）甲烷化反應

$$CO_2 + 4H_2 \longrightarrow CH_4 + 2H_2O \qquad (3-5)$$

其中，一氧化碳變換作用是將煤氣化產生的合成氣中一氧化碳變換成氫氣和二氧化碳，調節氣體成分，滿足後續工序的要求。一氧化碳變換技術隨著反應催化劑的發展而得到長足進步，反應催化劑的性能決定了一氧化碳變換流程及其效率。基於 Fe-Cr 系催化劑的一氧化碳變換工藝，稱為中、高溫變換工藝，其操作溫度為 350~550℃。這種體系的操作溫度較高，原料氣經變換後 CO 的平衡濃度高。Fe-Cr 系變換催化劑的抗硫能力差，適用於總硫含量較低的氣體組成。採用 Cu-Zn 系催化劑的變換工藝操作溫度較低，可以在 200~280℃ 發生反應，稱為低溫變換工藝。這種催化變換工藝通常串聯在中、高溫變換工藝之後，目的是將 CO 含量由 3% 左右進一步降低到 0.3% 左右。但是，Cu-Zn 系變換催化劑的抗硫能力較差，僅適用於硫含量低於 0.1×10^{-6} 的氣體。採用 Co-Mo 系催化劑的變換工藝，操作溫度為 200~550℃，稱為寬溫、耐硫變換工藝。其操作溫區較寬，特別適用於高濃度 CO 變換且不易發生超溫現象。Co-Mo 系變換催化劑的抗硫化能力強，對氣體中硫含量無上限要求，變換反應的能源消耗取決於催化劑所要求的汽氣比和操作溫度。在上述 3 種變換工藝中，耐硫寬溫變換工藝在這兩方面均為最低，具有能源消耗低的優勢，且其特別適用於處理較高氫氣濃度的氣體。

煤氣化合成氣經一氧化碳變換後，主要為含氫氣、二氧化碳的氣體，以去除 CO_2 為主要任務的酸性氣體去除方法主要有溶液物理吸收、溶液化學吸收、低溫

蒸餾和吸附四大類，其中以溶液物理吸收和溶液化學吸收最為普遍。溶液物理吸收法適用於壓力較高的場合，溶液化學吸收法適用於壓力相對較低的場合。國外應用較多的溶液物理吸收法主要有低溫甲醇洗法，中國應用較多的溶液物理吸收法主要有低溫甲醇洗法、NHD(聚乙二醇二甲醚)法、碳酸丙烯酯法。工業上應用較多的溶液化學吸收法主要有熱鉀鹼法和 MDEA 法。溶液物理吸收法中以低溫甲醇洗法能源消耗最低，可以在去除 CO_2 的同時完成脫硫。低溫甲醇洗工藝採用冷甲醇作為溶劑來去除酸性氣體的物理吸收方法，氣體淨化度高、選擇性好，甲醇溶劑對 CO_2 和氫氣的吸收具有很高的選擇性。氣體的脫硫和脫碳可在同一個塔內分段、選擇性地進行。

在得到粗製氫氣後，進一步的氫氣提純方法主要有深冷法、膜分離法、吸收－吸附法、鈀膜擴散法、金屬氫化物法及變壓吸附法等。在規模化、能源消耗、操作難易程度、產品氫純度、投資等方面都具有較大綜合優勢的分離方法是變壓吸附法(PSA)。目前中國 PSA 技術在吸附劑、工藝、控制、閥門等諸多方面已開展了大量的基礎研究和工業應用。

煤製氫技術路線成熟高效，可大規模穩定製備，是當前成本最低的製氫方式。其中，原料煤是煤製氫最主要的消耗原料，約占製氫總成本的 50%。煤製氫需要大型的氣化設備，煤製氫一次裝置投資價格較高。只有規模化生產才能降低成本，在大規模製氫條件下，其投資與營運成本能夠得到有效攤銷。煤製氣的核心設備是氣化爐，該設備也是煤化工專案中的核心設備，其投資額往往占到煤化工裝置總投資的 1/4 到 1/3。煤氣化爐按物料接觸方式分為固定床、移動床、氣流床三大類(如圖 3－2 所示)。德國於 1950 年代完成了第一代氣化工藝的研究與開發，有固定床的碎煤加壓氣化 Lurg 爐、流化床的常壓 Winkler 爐和氣流床的常壓 KT 爐。第一代氣化爐的爐型都以純氧為氣化劑，實行連續操作，大大提高了氣化強度和冷煤氣效率。第二代爐型的顯著特點是加壓操作，第三代仍處於實驗室研究階段，如煤的催化氣化、等離子體氣化、太陽能氣化和核能餘熱氣化等。

中國開展煤氣化製氫技術研究已有近百年歷史，技術成熟，被廣泛應用於煤化工、石化、鋼鐵等領域。中國作為煤炭大國，煤炭資源豐富易得，並且已建立了大量煤炭開採基礎設施。全球約有 130 座煤炭氣化廠在營，其中 80% 以上在中國。在煤氣化製氫的成本中，資本支出約占 50%，燃料需要占 15%～20%，煤的可用性和成本對煤製氫專案的可行性起著決定作用。同時，煤氣化製氫過程中，也不可避免地會產生 CO_2，但這種高壓、高純度的 CO_2(接近 100%)完全區

別於化石燃料普通燃燒過程產生的常壓、低濃度 CO_2，可以更經濟地實現 CO_2 的「封存」與利用。中國煤炭資源相對豐富、成本較低，配備 CCUS 的煤製氫工藝可以是向清潔製氫中的一個合理過渡。

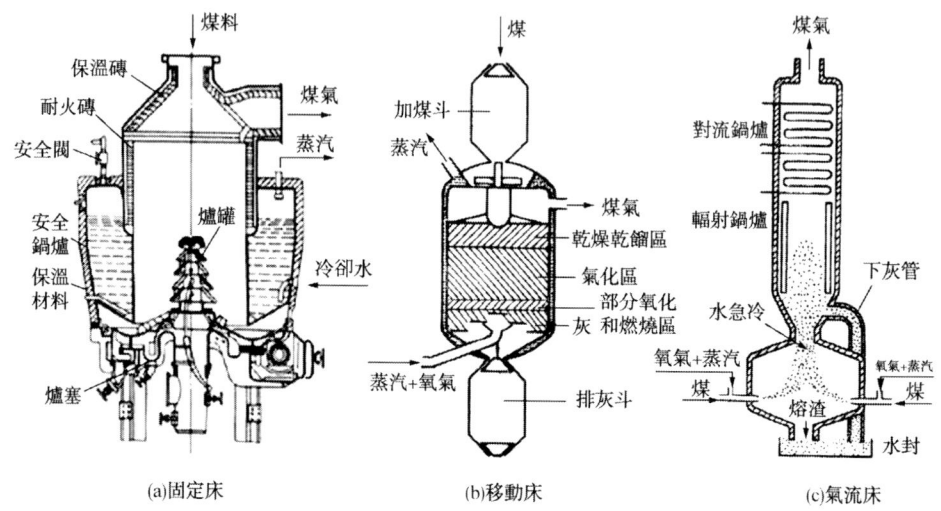

圖 3－2　煤製氫氧化爐結構示意圖

3.1.2　天然氣製氫

天然氣是重要的氣體型態化石燃料，其主要成分是甲烷。地球有著豐富的天然氣資源，世界天然氣已探明的儲量為 1×10^6 億 m^3。按目前的開採速度，已探明的儲量至少還可用 60～70 年。天然氣可以在中國國內及國家間進行管道運輸，中國也有較豐富的天然氣資源，目前已探明的天然氣儲量僅占總資源的 6％。根據國家發展的需求，在開發中國天然氣資源的同時，正有計劃地引進西伯利亞和中亞的天然氣用以工業生產。

天然氣儲量豐富，並有方便快捷的運輸和貿易途徑。因此，天然氣製氫是生產氫氣經濟有效的途徑。天然氣製取氫氣的工藝技術根據氧化劑性質的不同主要分為三種：

① 水蒸氣重整製氫，採用水蒸氣作氧化劑，反應過程需要吸熱；
② 部分氧化重整製氫，使用氧氣或空氣，反應過程放熱；
③ 水蒸氣重整與部分氧化聯合製氫，蒸汽重整和部分氧化的結合，混合空氣和水蒸氣，並調整兩種氧化劑的比例，使之不需要吸收或排放熱量。

其中，天然氣水蒸氣重整（SMR）是目前天然氣大規模製氫最常採用的技術路線，被廣泛應用於石油煉化廠所需加氫氣體的製備和甲醇、乙二醇、合成氨等大宗化工原料的生產。天然氣水蒸氣重整的基本工藝流程如圖3－3所示，天然氣和水蒸氣的混合高壓氣體經預熱後進入重整爐，通過在爐管內催化劑上進行強吸熱的催化反應，生成氫氣、一氧化碳和二氧化碳等的混合氣，後經分離、純化得到氫氣和其他目標組分。本部分以該技術路線為主進行介紹。

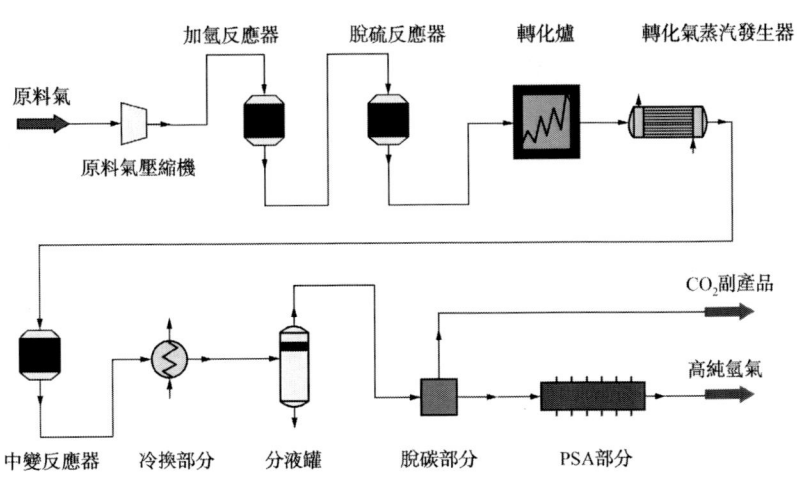

圖3－3　天然氣水蒸氣重整的工藝流程圖

天然氣蒸汽轉化爐是天然氣水蒸氣重整工藝的核心設備，天然氣進料與少量循環氫氣混合後由壓縮機加壓，經過預熱後進入加氫脫硫反應器。加氫脫硫反應器內含鈷鉬加氫催化劑床層和氧化鋅吸附劑床層。在鈷鉬加氫催化劑床層，天然氣中所含的有機硫在催化劑作用下與氫氣發生還原反應，轉化為硫化氫，生成的硫化氫在氧化鋅吸附床層中與氧化鋅反應，生成硫化鋅和水，以此來去除天然氣中的硫。經過脫硫後的天然氣與水蒸氣以物質的量比1∶(2.0～4.0)左右混合，與煙氣換熱，被預熱至500～650℃，進入重整爐爐管。在天然氣蒸汽轉化爐爐管內，天然氣和水蒸氣在鎳基催化劑作用下發生重整反應，主反應方程式見式(3－6)至式(3－9)。

$$CH_4 + H_2O \longrightarrow CO + 3H_2 \qquad (3-6)$$

$$CO + H_2O \longrightarrow CO_2 + H_2 \qquad (3-7)$$

$$CH_4 + 2H_2O \longrightarrow CO_2 + 4H_2 \qquad (3-8)$$

$$CH_4 + CO_2 \longrightarrow 2CO + 2H_2 \qquad (3-9)$$

反應後的合成氣出催化劑爐管溫度為 850～950℃，經下游合成氣餘熱鍋爐回收熱量，降溫至 300～370℃，進入一氧化碳變換反應器。在催化劑作用下，發生水煤氣變換反應。水煤氣變換反應可以使合成氣中氫氣含量更高，並減少進入變壓吸附(PSA)裝置的一氧化碳，提高變壓吸附效率。合成氣經過一氧化碳變換反應器後熱量被逐級回收，冷卻到約 40℃，進入 PSA 裝置進行變壓吸附製氫。合成氣中 85%～90% 的氫氣經過 PSA 作為產品氫氣輸出，剩餘氫氣與合成氣中的一氧化碳、二氧化碳、飽和水一起，返回重整爐的燃燒器，作為燃料燃燒。

天然氣蒸汽轉化的工業催化劑為鎳基催化劑，水碳比為 3.0～3.5，反應停留時間極短，轉化溫度 820℃，轉化壓力 3.0MPa 左右。過量的蒸汽用來防止催化劑積炭去活化，水碳比取決於反應條件與所用催化劑的性質。甲烷蒸汽轉化過程中會產生積炭，反應如式(3－10)、式(3－11)所示：

$$2CO \longrightarrow C + CO_2 \qquad (3-10)$$

$$CH_4 \longrightarrow C + 2H_2 \qquad (3-11)$$

其中，影響天然氣蒸汽轉化效率的工藝條件主要包括壓力、溫度、水碳比和空間速度等。

(1) 壓力

雖然從化學反應轉化平衡角度來考慮，宜在低壓下進行，但在工業烴類蒸汽轉化製合成氣裝置中，較高的壓力可以節省動力消耗、提高過熱蒸汽熱回收的價值、減小設備容積，因此操作壓力均為 3.5～4.0MPa。

(2) 溫度

不論從平衡還是反應速率來考慮，提高操作溫度對轉化反應都是有利的，但一段轉化爐受管材的耐熱限制。一段轉化爐的平衡溫距為 10～22℃。在一定的壓力和水碳比的條件下，一段轉化爐出口溫度的高低直接決定轉化氣的出口組成。提高出口溫度殘餘甲烷含量降低；反之，則升高。但是，耐熱管材的壽命與溫度的關係很敏感，當壁溫增高時，管材壽命急速降低。

(3) 水碳比

從降低工藝蒸汽消耗和燃料氣(或油)消耗角度出發，蒸汽重整應選擇較低的水碳比。但這除受管材限制外，還應用高活性和抗結炭催化劑以避免積炭的發生。

(4) 空速

空速(空間速度)表示單位容積催化劑每小時處理的氣量。此氣量可有不同的表示方法，可以用含甲烷原料標準狀態下的體積表示，稱為原料氣空速；可以甲烷的

第3章 氫能的製取技術

碳莫耳數表示，稱為碳空速；一般而言，空速表示轉化催化劑的反應能力。

此外，天然氣水蒸氣重整（SMR）反應是強吸熱反應，反應過程需要吸收大量的熱量。因此，該工藝過程具有能源消耗高的缺點，其所需的熱量主要來自天然氣和 PSA 尾氣的燃燒。其中，天然氣為工廠啟動階段的燃料，並且在工廠正常操作時用作尾氣熱值不足時的補充燃料。天然氣蒸汽轉化爐爐膛操作壓力多為微負壓狀態，燃料天然氣和含有一定熱值的尾氣由燃燒器噴入爐膛，與從燃燒器其他通道進入爐膛的空氣混合燃燒。煙氣出爐膛時的溫度約為 950℃。下游產品為氫氣和一氧化碳兩種產品的重整爐，其煙氣出爐膛的溫度會比單純製氫的重整爐煙氣溫度高 50～80℃。高溫煙氣經過煙道回收熱量後由煙囪放空。此外，水蒸氣重整是慢速反應，且由於空速限制及化學平衡的原因，水蒸氣重整反應的轉化率有限，反應後氣體中的甲烷殘餘可達 4%～10%，因此需要二段轉化，提高了投資金額和裝置規模。

3.1.3 甲醇製氫

甲醇製氫與甲烷等烴類氣體製氫方法相似，主要有三種方法：甲醇水蒸氣重整、甲醇分解和部分氧化。甲醇直接分解是工業合成甲醇的逆向反應，該反應是一個強吸熱過程，見反應方程式（3-12），反應需要外部提供大量熱量，分解產物是一氧化碳和氫氣。部分氧化法是適量氧氣與甲醇反應，生成二氧化碳和氫氣並放出熱量。目前工業上主要採用的甲醇製氫方法是甲醇水蒸氣重整法，該方法以甲醇、水為主要原料，經過混合、預熱、汽化、過熱、重整等工藝步驟製取氫氣。甲醇水蒸氣重整製氫工藝路線如圖 3-4 所示，總反應方程式如式（3-13）所示。

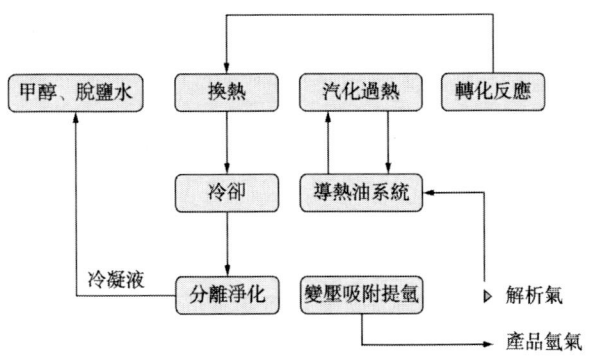

圖 3-4　甲醇水蒸氣重整製氫工藝路線圖

甲醇裂解反應：
$$CH_3OH \longrightarrow CO + 2H_2 \quad (3-12)$$
甲醇重整反應：
$$CH_3OH + H_2O \longrightarrow 3H_2 + CO_2 \quad (3-13)$$

在甲醇水蒸氣重整製氫工業裝置中，甲醇與水按固定配比進入換熱器預熱，然後在汽化塔汽化，經換熱器過熱後，反應通常在250～300℃、1～5MPa、H_2O與CH_3OH莫耳比為1.0～5.0的條件下進行，在轉化器內重整製得以H_2、CO、CO_2為主要組分的合成氣，再經過CO變換以及H_2提純等淨化過程獲得一定純度的氫氣。

甲醇水蒸氣重整反應的催化劑研究始於1970年代，活性組分主要集中在Cu基和貴金屬材料，後者雖然活性較高，但昂貴的價格和苛刻的反應條件使其難以在工業上廣泛應用。而Cu基催化劑，具有成本低、活性高、選擇性好的優點，但是，由於傳統Cu基催化劑催化活性較低，反應溫度較高，因此反應過程中殘留的反應物組分含量較高。以甲醇水蒸氣重整反應中典型的$Cu-ZnO-Al_2O_3$催化劑為例，其對氧化環境比較敏感，且必須在200～280℃的低溫下才具有活性，需要注意調整反應器溫度平衡來保持催化劑的活性狀態。通過對反應完催化劑樣品進行射線光電子能譜分析（XPS），顯示氧化態的Cu^{2+}促進了甲醇的分解。進一步對催化劑活性中心的研究認為Cu^1/Cu^0對是催化活性位，並且其比值越大越好。張新榮等研究顯示，隨著催化劑組分中銅含量的增加，甲醇轉化率和氫氣產率增加，當銅質量分數為30.9%時，催化劑表現出最佳活性，而當銅含量進一步增加時，催化劑活性開始下降。Utaka等人利用Cu基催化劑，在有氧氣輔助參與的條件下，使用與甲醇水蒸氣重整相似的催化劑，甲醇在空氣和水蒸氣存在的條件下自熱重整，幾乎完全轉化得到高的產氫率，且Cu/Al_2O_3-ZnO催化劑在水煤氣變換（WGS）去除CO反應中具有很好的活性，熱動力學資料顯示在低溫下反應可以取得較高的平衡轉化率。必須注意的是，由於CO對燃料電池的毒害作用，無論CO的來源如何，在燃料重整中都必須採取措施減小CO的含量。例如可以通過減少接觸時間、增加水碳比以及降低反應溫度等措施從熱動力學特性上抑制CO的形成，進而減小產物中CO的含量。

甲醇水蒸氣催化重整製氫過程是一個複雜的化學工藝過程，反應器記憶體在多相介質的流動、質量熱量傳遞以及與反應速率的耦合，由此產生了諸多非線性動力學問題。與其他烴類重整反應相比，常規尺度的燃料催化重整製氫難以實現設備小型化，壓縮反應體積是重整製氫系統滿足製氫系統對體積和反應速率的重

第3章 氫能的製取技術

要要求。甲醇水蒸氣重整反應與烴類重整反應相比，具有反應體積小、反應流程短、重整轉化溫度低、熱量利用效率高的特點。煤製氫與天然氣製氫反應都需較高的溫度，以天然氣水蒸氣轉化製氫為例，反應的溫度需在800℃以上，相應的反應器則需要特殊材質。同時，考慮到中小規模氫氣使用者對能量的利用能力，很難對反應過程的能量加以綜合利用，這都會造成成本的上升。甲醇水蒸氣重整製氫反應溫度可以控制在270℃左右，操作溫度相對較低，反應條件相對溫和，有利於節省製氫能源消耗。

3.2 工業副產氫

3.2.1 焦爐煤氣製氫

焦炭是煉鋼行業的主要原材料，焦爐煤氣作為鋼鐵聯合企業焦化過程的副產品，不僅量大價廉，而且其成分中富含大量的氫氣，是潛在的優質製氫原料之一。科學有效地利用焦爐煤氣，既符合環保節能的時代主題，又能緩解能源、資源和環境問題，為以煤炭為原料和還原劑的現代冶金工業帶來巨大的產業提升和轉型動力。因此，以鋼鐵製造流程中產生的焦爐煤氣作為氫氣製備的原料，不僅是焦爐煤氣合理利用的最佳選擇，也為規模製備燃料電池用氫提供了一條新的途徑。

目前，中國絕大部分鋼鐵企業中焦化廠的產物分為三大種類，即固態的焦炭、液態的焦油以及氣態的焦爐煤氣。傳統煉焦工業是以獲得固態的焦炭產品為主，作為鋼鐵企業高爐煉鐵的原料。煤焦化過程中每1t焦炭可產生約400Nm³的焦爐煤氣，其中氫氣含量約44%（體積分數），有40%～50%供焦爐自身加熱，有一小部分作為合成氨與合成甲醇的原料，剩下的約39%幾乎全部放空。中國是全球最大的焦炭生產及消耗國，按2020年焦炭4.7億t產量計算，則理論上中國焦化行業可以提供約290萬t副產氫。隨著可持續發展和循環經濟策略的實施，少數大型焦化企業在焦爐煤氣的開發利用和產業鏈優化升級方面取得一些成果（如圖3-5所示），焦爐煤氣呈現出向下游利用的發展趨勢，建設了焦爐煤氣制甲醇再製烯烴、焦爐煤氣製乙二醇、焦爐煤氣製乙醇等裝置，配套副產氫進行資源化利用。

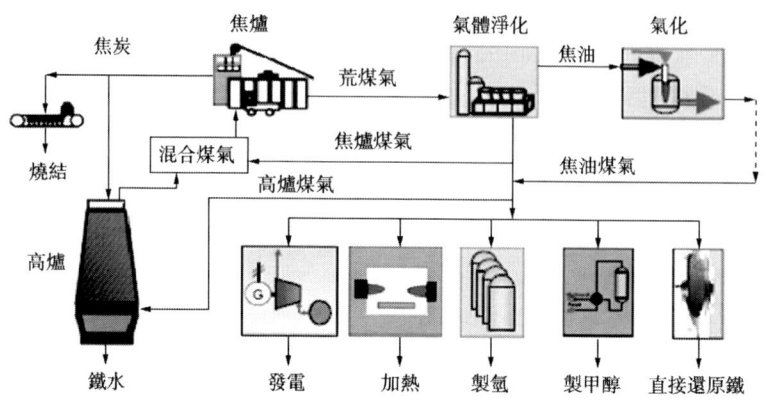

圖 3-5　焦爐煤氣開發利用新工藝

如前所述，氫氣是焦爐煤氣中含量最多的組分，隨著零碳經濟和氫能產業的蓬勃發展，焦爐煤氣製氫是焦爐煤氣增值化利用的有效途徑。工業上常見的製氫工藝主要以天然氣、煤和石油為原料在高溫下水蒸氣轉換或部分氧化。相比化石燃料製氫，焦爐煤氣製氫工藝更為簡單，無須烴類燃料裂解工序，從而具備更高效、經濟的優勢。

焦爐煤氣製氫主要有深冷分離、膜分離和變壓吸附三種方法。深冷分離是焦爐煤氣製氫應用最早、技術最成熟的方法，適合於焦爐煤氣中高純度氫氣的回收，還能分別回收 CH_4、CO 等成分。但其存在設備投資大、能源消耗高、操作複雜等缺點。膜分離製氫技術具有易於工業化、操作簡單、低投資等優點，但是，產品純度不高、技術不夠成熟。目前，應用最廣泛的焦爐煤氣製氫方法是變壓吸附，其製得的氫氣純度可達 99.99%。最普遍利用的焦爐煤氣變壓吸附製氫工藝流程如圖 3-6 所示。變壓吸附製氫具有裝置自動化程度高、技術成熟及能源消耗低等優點，可獲得高純度的氫氣或高回收率。

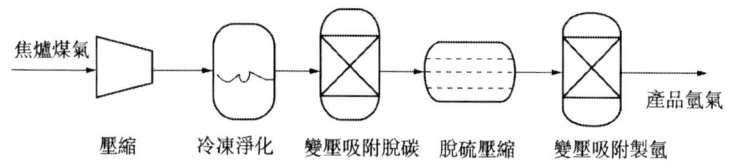

圖 3-6　焦爐煤氣變壓吸附製氫流工藝程圖

提氫後的焦爐煤氣解吸氣返回燃料氣管網，也可以用作製液化天然氣(LNG)或其他富甲烷氣轉化原料。焦爐氣水蒸氣轉化製氫流程是在上述流程基礎上增加水蒸氣轉化爐，將焦爐煤氣解吸氣中的甲烷轉化為 CO 和氫氣，可最大限度地製

取氫氣,具體工藝路線與前述天然氣水蒸氣重整製氫工藝近似。焦爐煤氣製氫的關鍵技術在於焦爐煤氣的淨化和氫氣分離提純,焦爐煤氣組分複雜,通常含有焦油、粉塵、氰化物、硫化物、氨、萘等多種有機/無機組分,經過化學產品回收和淨化(脫煤焦油、脫硫、洗氨、脫苯、脫萘等)後的煤氣稱為焦爐淨煤氣,因此淨化工藝及淨化劑的選擇至關重要。

3.2.2 氯鹼工業製氫

氯鹼工業指的是工業上用電解飽和氯化鈉溶液的方法來製取氫氧化鈉、氯氣和氫氣,並以它們為原料生產一系列化工產品的傳統基礎化工原料行業。中國氯鹼工業上游為原材料,包括焦炭、原鹽、電石、聚乙烯、電力等;中游為氯鹼工業產品,主要為燒鹼、聚氯乙烯、氫氣、氯氣等;下游應用於輕工業、紡織業、冶金工業、石油化學等領域,在國民經濟中具有不可替代的作用。

氯鹼行業通過電解飽和食鹽水製取氫氧化鈉,反應產生大量的氯氣和氫氣。中國燒鹼年產量基本穩定在 3000 萬～3500 萬 t,副產氫氣接近 100 萬 t。氯鹼行業離子膜燒鹼裝置每生產 1t 燒鹼可副產 $280Nm^3$ 氫氣,儘管大型氯鹼裝置多數配套鹽酸和聚氯乙烯裝置以平衡氯氣並回收利用副產氫氣,但是,僅有 60%左右氫氣回收生產鹽酸、氯乙烯單體和雙氧水等,其餘氫氣大部分被用作鍋爐燃料或者直接放空,40%左右的氯鹼副產氫被低水準利用,造成了一定的資源浪費。隨著氫燃料電池產業的快速發展,氯鹼行業的氫能利用兼具經濟性和環保性,具有巨大的經濟和社會價值。

中國氯鹼廠大多採用變壓/變溫吸附法提純回收氫氣,工藝流程如圖 3－7 所示。氯鹼電解副產氫純度一般在 99%以上,CO 含量較低且不含有機硫和無機硫,但其中含有微量的氯和少量氧,對燃料電池有毒害作用,使膜電極導電率降低,影響發電效率,且易造成管道設備腐蝕發生安全事故;其還含有惰性氣體氮、氬等雜質,長時間使用將造成燃料電池惰性氣體累積,對燃料電池發電效率有一定影響。所以將氯鹼工業副產氫直接用於燃料電池氫源供給,需對含氫尾氣做除氯、除氧、除氮等淨化措施。氯鹼工業的含氫尾氣首先經過燒鹼或硫化鈉溶液填充的淋洗塔洗滌,除去尾氣中的氯氣。除去氯氣的含氫尾氣通過旋風分離器除去多餘水分後,進入除氧器,在鈀催化劑的作用下除掉組分中的氧氣。而後經過填充不同性能吸附劑的吸附器,除去氮氣和少量其他雜質氣體,吸附劑可循環再生,保證裝置的連續運行。

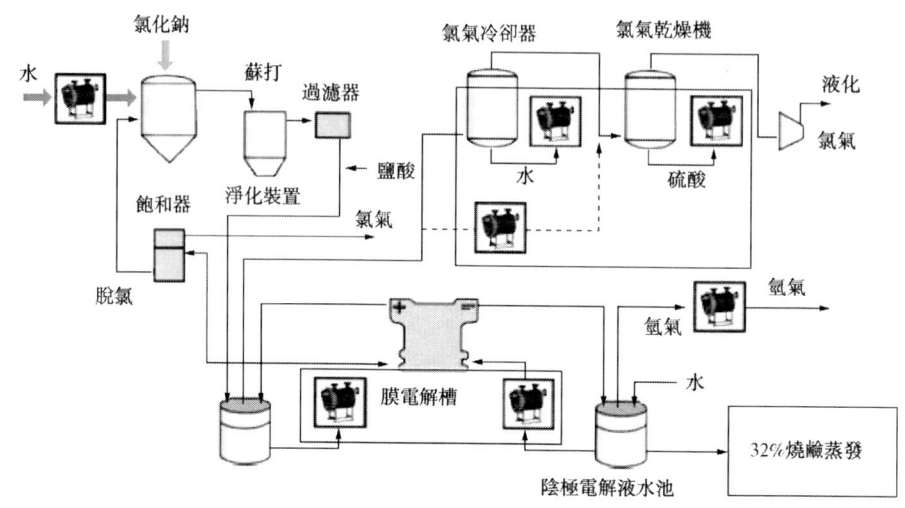

圖 3－7　氯鹼工業製氫工藝流程簡圖

採用變壓/變溫吸附法淨化回收氫氣，技術成熟，且成本低、質量好、綠色環保，淨化後氫氣滿足氫燃料電池汽車用氫氣標準，同時可以用於儲能、電力等領域，替代石油、天然氣，是減碳降稅、推動「雙碳」目標實現的有效途徑。

3.2.3　合成氨馳放氣製氫

氨（NH_3）作為世界第二大化學品，在全球經濟中起著至關重要的作用，是生產肥料、染料、藥物、塑膠以及其他化工產品的重要原材料。20世紀初，科學家發明的「哈伯－博施」（Haber－Bosch）工藝被譽為20世紀最偉大的人類發明之一，即直接用 N_2 和 H_2 在高溫（300～500℃）、高壓（200～300atm）的條件下直接合成 NH_3（如圖3－8所示）。雖然經過近百年的工藝優化和效率提升，但直到目前，「Haber－Bosch」法依然是工業上大規模合成氨所依賴的主要方法，貢獻了世界範圍內90％的氨產量。工業合成氨大部分被用於肥料生產，極大地增加了全球糧食產量，促進了世界範圍內的人口成長，推動了人類文明的發展，但同時也帶來了大量的能源消耗，據統計，每年工業合成氨的能源消耗占到世界能源總消耗的1％～2％。

合成氨過程需要大量氫氣，這部分氫氣目前主要來自煤製氫、天然氣製氫等規模化製氫產業。傳統「Haber－Bosch」法合成氨由於受到熱力學限制，轉化率僅有10％～20％，未參與反應的氣體循環使用（如圖3－9所示），但其中的惰性

氣體成分在不斷的循環過程中濃縮,從而降低了氫氣和氮氣的分壓,降低轉化率,影響合成氨反應的進行,因此需要排放一部分循環氣來降低惰性氣體的含量。這種合成氨過程中被排出的累積氣體稱為馳放氣(在設備或管道中積聚的不參與反應或無法利用的低品味氣體),其中氫氣含量高達50%左右。

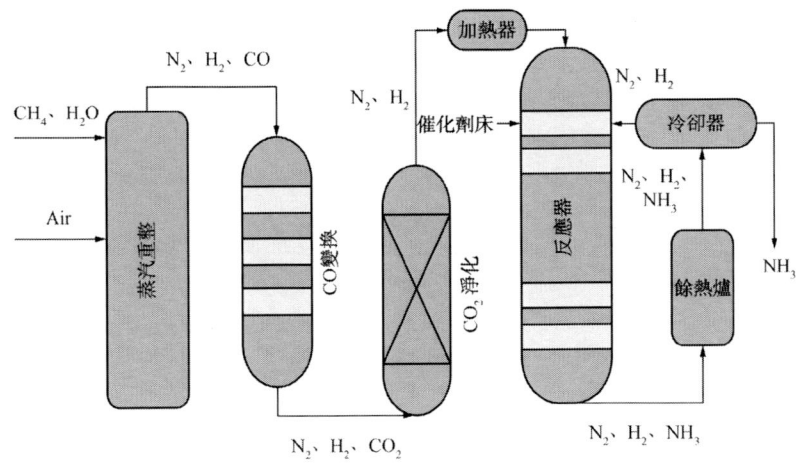

圖3－8 「Haber－Bosch」法合成氨工藝流程圖

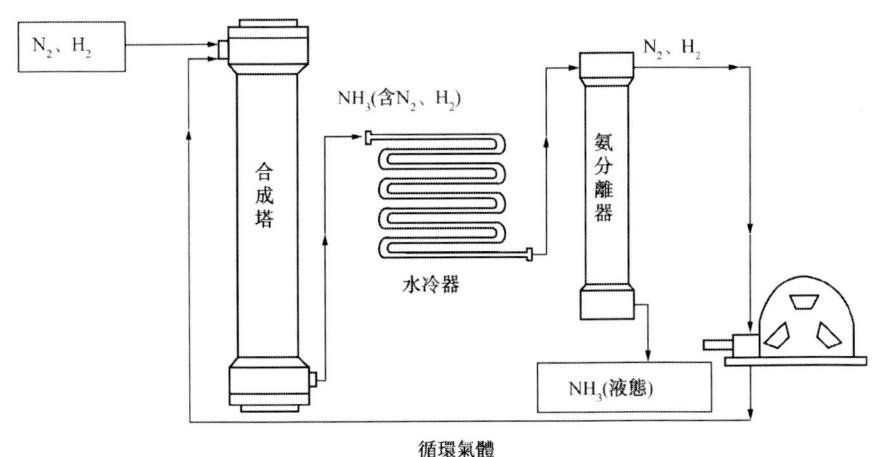

圖3－9 工業合成氨的氣體循環示意圖

目前工業上採用的氫分離回收工藝主要有深冷法、吸附法、膜分離法等。將合成氨馳放氣中的氫氣加以回收利用,可以降低氨合成綜合能源消耗,延長合成氨產業產品價值鏈。中國合成氨生產能力約1.5億t/a,每噸合成氨將產生150～250m^3的馳放氣,可回收氫氣約100萬t/a。

3.3 電解水製氫

前述化石燃料製氫和工業副產氫具有價格和規模生產的優勢,但不可避免地帶來高碳排放問題,特別是在碳達峰、碳中和目標的引領下,氫能產業的低碳發展離不開綠氫的製取。電解水製氫具有綠色環保、生產靈活、純度高(通常在99.7%以上)以及副產高價值氧氣等特點,耦合可再生能源(水、風、光等)發電的電解製氫技術可以實現零碳排放,解決可再生能源由於其固有的間歇性和波動性導致無法穩定發電、併網等問題。根據國際能源總署的預測,到2030年電解水製氫市場占有率將從5%左右成長到30%。隨著可再生能源的大規模開發利用和電解水技術的不斷成熟,電解水製氫技術將在未來的氫能經濟發展中占據重要的地位。

電解水製氫技術可以在低溫和高溫下進行,可在低溫下進行的電解水製氫技術主要有鹼性水電解池(AE)和固體聚合物電解池(PEM),在高溫下進行的電解水製氫技術有固體氧化物電解池(SOEC)等。

3.3.1 鹼性水電解池(AE)

鹼性電解水製氫技術(AWE)是一種最為成熟的製氫技術,也是目前商業化應用最廣泛的電解水製氫技術,生產成本較低,早在20世紀初就已經應用於MW級別的大規模製氫裝置,製氫效率和規模化製造成本也在不斷進步。

常規的鹼性電解水槽如圖3-10所示,主要由電解槽盒、電解液、陰極、陽極和隔膜等組成。

鹼性電解水槽主要包括以下兩個電化學反應過程。

陰極反應:

$$2H_2O + 2e^- \longrightarrow H_2 + 2OH^-, \quad \varphi^\ominus = -0.828V \qquad (3-14)$$

陽極反應:

$$4OH^- \longrightarrow O_2 + 2H_2O + 4e^-, \quad \varphi^\ominus = -0.402V \qquad (3-15)$$

鹼性電解池以鹼性電解液為反應基礎,陰陽電極分別浸入兩個電解槽,兩個電解槽之間使用隔膜分隔開來。電解槽結構主要包括電極、隔膜、電解液、電解

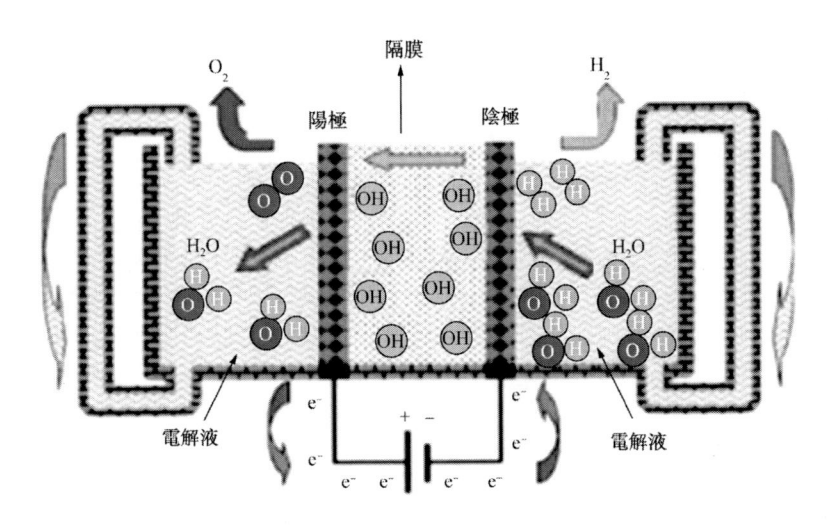

圖 3-10　鹼性電解水槽原理示意圖

池四部分，電解液常採用鹼性氫氧化鈉溶液、氫氧化鉀溶液或氫氧化鈣溶液。特定的隔膜將電解池分隔出陰極電解區域和陽極電解區域，陰極區產生的氫氣和陽極區產生的氧氣彼此不混合，增加了裝置的安全性。

在外部電源作用下，鹼性電解液中的 OH⁻ 吸附在陽極催化層，在催化劑的作用下 OH⁻ 失去電子生成氧氣和水，產生的自由電子經陰陽極間的外接電路到達陰極。被吸附在陰極催化層的水分子獲得電路供給的電子，生成氫氣和 OH⁻，完成整個反應過程。鹼性電解液中部分 OH⁻ 和 H_2O 會通過隔膜，在兩個電解槽之間發生遷移和擴散，保持槽內離子溶度的平衡，維持兩極電解區域的電中性。

但在實際的電化學反應過程中，由於過電位(η)的存在，外電路所施加的電壓要大於電解水理論電壓。過電位是由陰極(η_c)和陽極(η_a)的動力學阻力和電解液的接觸電阻(η_{other})所引起的。其中 η_a 和 η_c 可以採用高效電催化劑進行修飾改性，進而提高析氫反應和析氧反應的反應活性。電解液的接觸電阻(η_{other})可以通過優化電解槽裝置設計來進行優化。

(1) 析氫反應(HER)機制

基於電解水製氫反應開展了大量的實驗和理論研究，析氫反應在鹼性介質中可以分為三個反應步驟：

電化學氫吸附過程(Volmer 反應)

$$H_2O + e^- \longrightarrow H_{ads} + OH^- \qquad (3-16)$$

電化學脫附過程(Heyrovsky 反應)

$$H_{ads} + H_2O + e^- \longrightarrow H_2 + OH^- \qquad (3-17)$$

化學脫附過程(Tafel 反應)

$$H_{ads} + H_{ads} \longrightarrow H_2 \qquad (3-18)$$

其中反應速控步驟的確定，也即最大動力學活化能的基本反應對 HER 反應的效率至關重要。假定 Volmer 反應是決定 HER 反應速率的關鍵步驟，電極材料在表面具有更多的空穴和邊緣，這有助於氫的吸附從而促進電子轉移的發生。但是，如果 Heyrovsky 反應或 Tafel 反應是決定反應的速控步驟，則可以通過增加反應面積來提高電解速率，進而可以通過在電極上製造多孔結構提高比表面積來實現增加反應面積的目的。所以，無論 HER 反應的速控步驟是哪個反應，吸附的氫原子都一直參與在反應當中。因此，反應的吉布斯自由能(ΔG_H)作為 HER 催化劑的主要性能指標，決定了催化劑的固有活性。在電流密度與理論計算得出的吸附氫原子吉布斯自由能的函數關係火山型曲線(如圖 3-11 所示)中可以發現，性能最佳的催化劑體系處在火山的頂部，例如金屬鉑(Pt)，其 ΔG_H 接近於零。

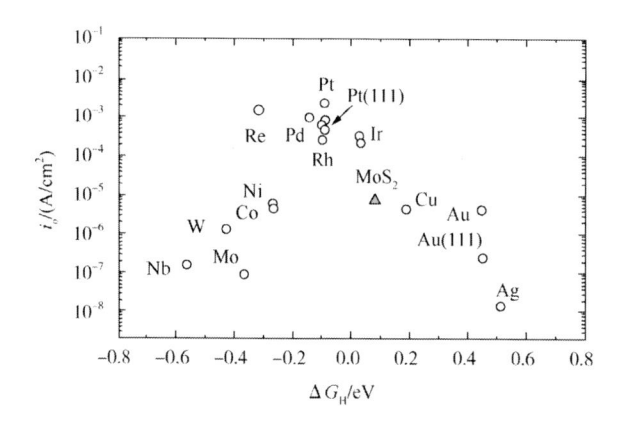

圖 3-11 實測交換電流密度與 DFT 計算得到的吸附
氫原子吉布斯自由能的函數關係火山圖

(2) 析氧反應(OER)機制

在標準狀態下，OER 反應的電極電位為 1.23V，但是在實際操作中產生額外的過電位是沒有辦法避免的。研究發現，除了 IrO_2 之外，在催化劑上發生的 OER 過程通常都涉及催化劑表面上 OH^- 和 O 的吸附。這個過程與 HER 反應過程類似，通常在鹼性溶液中：

$$OH^- + {}^* \longrightarrow OH_{ads} + e^- \qquad (3-19)$$

$$OH_{ads} + OH^- \longrightarrow H_2O + O_{ads} + e^- \qquad (3-20)$$

其中，＊代表催化劑表面氫氧根離子的吸附位點，這存在兩種產氧反應過程，反應過程如下所示：

一步法生成

$$O_{ads} + O_{ads} \longrightarrow O_2 \qquad (3-21)$$

其中兩個 O_{ads} 中間體直接形成 O_2。

間接生成

$$O_{ads} + OH^- \longrightarrow OOH_{ads} + e^- \qquad (3-22)$$

$$OOH_{ads} + OH^- \longrightarrow O_2 + H_2O + e^- \qquad (3-23)$$

O_{ads} 第一步先與 OH^- 反應生成 OOH_{ads}，然後與 OH^- 反應生成 O_2。值得注意的是，一步法反應相比於間接反應通常需要較高的熱力學活化能。

因此，為了實現高效電解水製氫，降低反應的過電位是主要面對的問題之一。產生過電位的原因主要有三個：一是由於在反應過程中電極表面離子濃度與電解液體相中的濃度不同造成的濃差過電位。二是由於在反應過程中電極與溶液介面往往會形成一層高電阻膜，從而產生電阻過電位。三是由於參加反應的某些物質沒有足夠的能量來完成電子轉移，所以需要活化過電位來活化反應物。其中，濃差過電位和電阻過電位可以分別通過攪拌和內阻補償等手段降低到忽略不計。而活化過電位是由電極材料自身性質決定的，因此開發和設計性能優異的電極材料就顯得特別重要。

除了通過優化電極材料的電催化劑的改性研究以外，電解槽的結構優化設計也對鹼性電解水製氫的效率有較大影響。如圖3-12所示，鹼性水電解工藝系統主要由準備系統（製備純水、配製鹼液）、電解系統、氫氧分離系統、電解液循環系統、加水鹼系統、冷卻水循環系統以及控制系統組成。其中電解液以 KOH、NaOH 水溶液為電解質，電解液的濃度一般為 20%～30%，隔膜採用石棉布、聚碸材料等，以鎳基材料為電極，在直流電的作用下，將水電解，生成氫氣和氧氣。產出的氣體純度約為 99%，需要進行後續脫鹼霧處理。

當電解槽接通直流電源，電解電流上升到一定數值時，電解槽內的水被電解成氫氣和氧氣。來自電解槽內各電解小室陰極側的氫氣和鹼液，藉助循環泵的揚程和氣體升力，進入鹼液換熱器進行初步冷卻分離，進入氫氧分離器，在重力的作用下氫氣和鹼液分離。分離後的氣體進入冷卻器，對氣體進行冷卻和除霧，然後進入氫氣純化裝置。鹼液在氫分離器和氧分離器中，靠重力作用與氫、氧氣體分離後，通過氫氧分離器的連通管彙總，再經鹼液過濾器除去機械雜質，然後由鹼液循環泵把鹼液送入電解槽，形成完整的電解液循環系統。

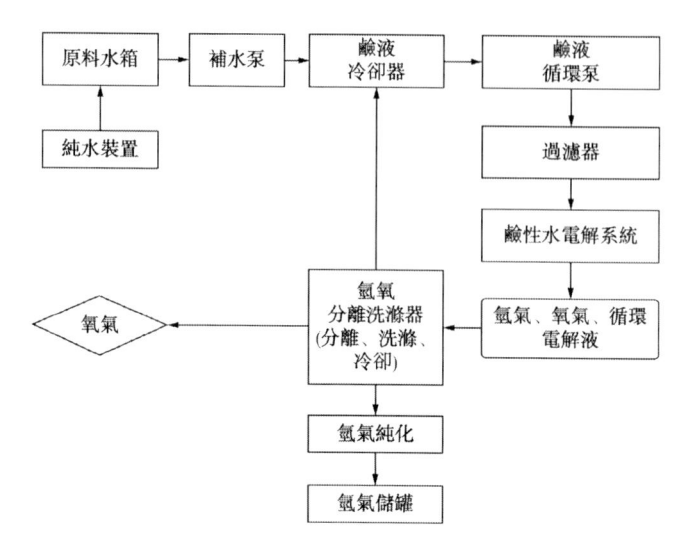

圖 3-12 鹼性水電解工藝系統簡圖

壓濾式雙極性串聯結構（如圖 3-13 所示）是目前最主流的鹼性水電解形式，每塊極板在電性上具有雙極性，即一面是負極，反面則是下一個電室的正極。每個電室都是由極板、隔膜、陰陽負極板等組成的。壓濾式是指每個電解槽是由許許多多電室串聯組成的，它們是靠若干根拉緊螺桿的作用力，擠壓在兩塊笨重的端壓板之間，形成一個緊湊的結構體。

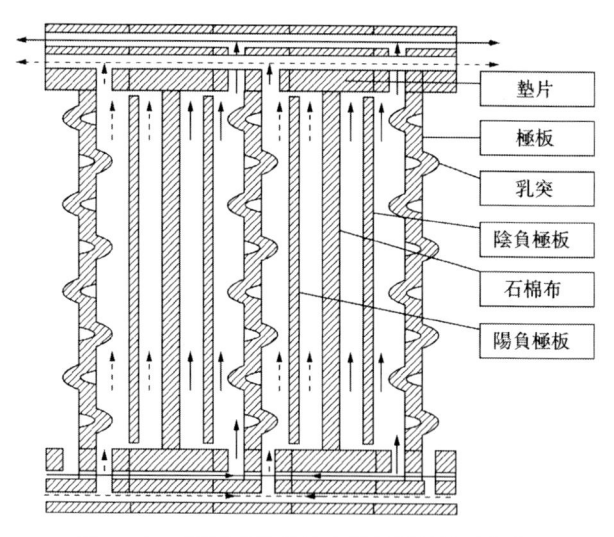

圖 3-13 壓濾式雙極性串聯結構鹼性電解槽

原料氫氣經氣水分離器濾除液態水後進入除氧器，游離水經排水閥排出系統；在除氧器中，氧和氫經催化劑作用生成水，氧氣被去除，生成的水被氫氣帶出除氧器，進入冷卻器，經冷卻器冷凝後隨氫氣進入氣水分離器，液態水在氣水分離器內被濾除並經排水閥排出系統，含有飽和水蒸氣的氫氣則進入乾燥器，氣態水在乾燥器中被分子篩吸附，高純度的氫氣流出乾燥器，再經氫氣過濾器，濾塵後得到氫氣產品。

3.3.2 固體聚合物電解池(PEM)

固體聚合物電解水製氫首先是 GE 公司在 1960 年代提出的，由於目前使用的主流固體聚合物薄膜為質子交換膜(PEM)，故又稱為 PEM 電解水製氫技術，該技術最早被用作核潛艇和空間站中的供氧裝置。

PEM 電解槽的基本結構如圖 3-14 所示，PEM 電解槽的主要組成部分包括兩塊極板和一塊膜電極，其中膜電極由兩塊氣體擴散層和一張噴塗有陰陽極催化層的質子交換膜組成。端板起到導電以及傳遞水、氣的作用，陽極端板材料以 Ti 為主，陰極可以採用石墨、Ti、不鏽鋼等；擴散層主要用於促進氣液的質傳和導電，通常由導電的多孔材料構成，如 Ti 網等；催化層是催化劑、擴散層和

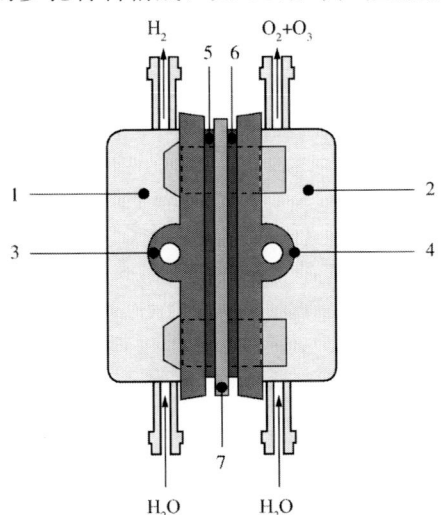

圖 3-14　PEM 電解槽的基本結構示意圖

1—陰極水箱；2—陽極水箱；3—陰極；
4—陽極；5、6—電極；7—質子交換膜

質子交換膜的三相介面；質子交換膜可以阻止電子傳遞以及氧氣與氫氣的交叉接觸，同時又能將質子從陽極傳遞到陰極。

PEM 電解製氫裝置在工作過程中，水作為電解的原料從陽極極板的流道進入，經過擴散層在一定電壓和陽極催化劑作用下析氧，產生的氧氣通過擴散層又回到陽極端板的流道被水帶出。陽極反應產生的氫離子在水的攜帶下通過質子交換膜轉移到陰極，在陰極催化劑的作用下析氫，產生的氫氣和攜帶過來的水通過擴散層進入陰極流道排出。陰陽極的催化劑分別負載在質子交換膜的兩側，與兩片擴散層形成了 PEM 電解池的核心部件——膜電極。

PEM 電解水製氫主要包括以下兩個電化學反應過程：

陰極

$$2H^+ + 2e^- \longrightarrow H_2 \qquad (3-24)$$

陽極

$$2H_2O \longrightarrow O_2 + 4H^+ + 4e^- \qquad (3-25)$$

無催化劑狀態下，反應的電解電壓過高致使電解難以進行。選用合適的催化劑材料，製備後鍍在質子交換膜表面，主要的電解化學反應就發生在催化劑層上。催化劑性能的好壞決定了製氫效率和催化反應活性，為降低電能損耗，一般會在膜兩側使用一定載量的陰陽極催化劑，達到降低反應過電位及電解池實際電解電壓的效果，提高系統的電解製氫量。固體聚合物電解池的催化劑材料昂貴，且催化劑附著在膜表面。為保護催化層及產物順利排出，電解池中加載陰陽極擴散層，位於膜兩側。擴散層材料一般選用具有導電性及提供氣水通道的特點，且能夠在膜電極表面形成一層電解質薄膜，使得電解質與膜電極的接觸緊密，從而增大電解面積的材料，如疏水型碳紙或鈦網等。同時，擴散層還起到保證電解液在膜電極表面擴散成膜，排出產物以及進行電荷傳遞的作用。因此氣體擴散層須具備合適的空隙率、孔徑尺寸、較好的導電性以及在酸性介質中的穩定性，目前實驗常用的擴散層是疏水碳紙，但碳紙本身輕脆易碎，考慮到質子交換膜的溶脹性，需要充分驗證擴散層的柔韌性。

與鹼性電解槽相比，PEM 電解槽用質子交換膜代替石棉膜，氣體的交叉擴散問題得到了明顯改善，能夠獲得更高純度的氫氣，同時也使得裝置能夠在較高的壓力下安全工作（陰陽極等壓甚至差壓），很多商業化的製氫裝置產氫壓力可高達 30~70bar。PEM 電解池在結構上更加緊湊，大大減少了電解裝置所占的空間。而且，由於質子在膜上的傳輸對輸入功率的響應很快，而不是像在液體電解質中那樣被慣性延遲，PEM 電解裝置的負荷響應速度更快。由於電解水技術的

寬運行功率範圍和快電負荷響應速度，與鹼性電解槽相比，更有利於匹配波動的可再生能源。

但在 PEM 電解池中，質子交換膜所提供的酸性環境要求使用一些特定的耐腐蝕材料。這些材料不僅要能抵抗酸性環境(pH 約為 2)的腐蝕，還要能在一定的過電壓(約 2V)下穩定存在。此外，又要滿足導電性或者電催化性能等要求，只有少數幾種材料可供選擇，如 Pt、Ir、Ru、Ti 等。目前陽極側多使用 Ir 和 Ru 等貴金屬為基礎的多元催化劑(Ir 負載量大於 $2.0mg/cm^2$)，陰極側以 Pt 系列催化劑為主(Pt 負載量 $0.4\sim1.0mg/cm^2$)。而陽極側端板和擴散層的材料多採用 Ti 基材料，為了滿足陽極氣液擴散、催化反應、導電等多重需求，還要對材料進行表面處理。由於對電解槽材料要求高，PEM 電解技術的設備成本也因此高於鹼性電解技術。

PEM 水電解池反應包括陰極氫析出(HER)與陽極氧析出(OER)兩個半反應(如圖 3-15 所示)，目前商業析氫催化劑為 Pt/C 催化劑，在電解池長時間運行後，Pt/C 催化劑在「Ostwald 熟化作用」影響下，電化學活性面積下降，導致 Pt/C 催化劑的 HER 活性發生衰減。在固體聚合物水電解池中，由於在強酸性(pH 約為 2)與 $1.4\sim2.0V$ 的電解電壓下，以 C 為載體的催化劑會因 C 的氧化而衰減，而 Mn、Co、Ni 等過渡金屬易溶蝕，會黏附於膜上，與膜中的磺酸根離子結合，從而降低膜的質子傳導能力，也會欠電位沉積於陰極，覆蓋 Pt 的活性位，降低電極的活性。

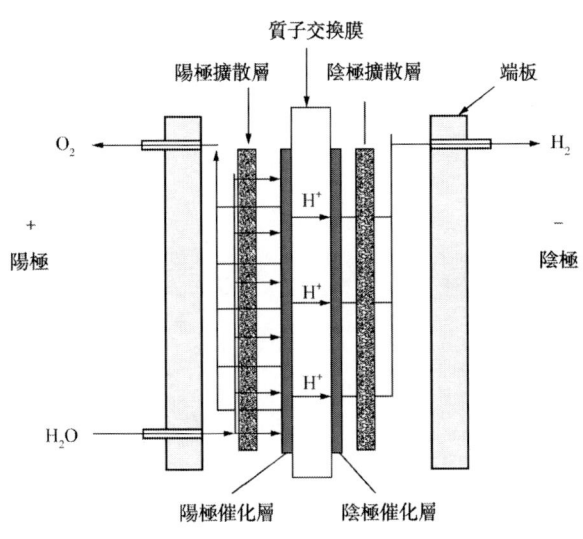

圖 3-15 PEM 水電解池反應原理圖

電解槽膜電極的核心部件質子交換膜不僅傳導質子，隔離氫氣和氧氣，而且還為催化劑提供支撐，其性能的好壞直接決定水電解槽的性能和使用壽命。目前水電解製氫所用質子交換膜多為全氟磺酸膜，製備工藝複雜，長期被美國和日本企業壟斷，其中 NafionTM 系列膜是目前電解製氫選用最多的質子交換膜。為降低膜成本，提高膜性能，國內外重點攻關改性全氟磺酸質子交換膜、有機/無機奈米複合質子交換膜和無氟質子交換膜。目前成本低廉的非貴金屬 HER 催化劑一直受到研究者普遍關注，如過渡金屬氮化物、磷化物、硫化物，此類催化劑在價格上具有巨大優勢，但導電性和催化性能仍與 Pt/C 催化劑差距較大。

整體來說，PEM 水電解製氫工作電流密度更高，總體效率更高（74％～87％），氫氣體積分數更高（＞99.99％），產氣壓力更高（3～4MPa），動態響應速度更快，能適應可再生能源發電的波動性且不需要脫鹽，被認為是極具發展前景的水電解製氫技術。但由於壟斷，質子交換膜成本較高導致投資和運行成本高仍然是 PEM 水電解製氫急待解決的主要問題。

3.3.3　固體氧化物電解池

相較於前述兩種低溫電解池中的電解質需要不斷地填充補滿，SOEC 中的固態電解質可以一次使用很長時間，且固態電解質系統中由溶液所引起的侵蝕副作用較液體電解質小。固體氧化物電解池的原理如圖 3－16 所示，水蒸氣和循環氫氣被輸送到陰極，被吸附在陰極催化層上的水分子，在電流的作用下分解生成 H^+ 和 O^{2-}，其中 H^+ 得到外電路輸送的自由電子，還原生成氫氣，特定的固體

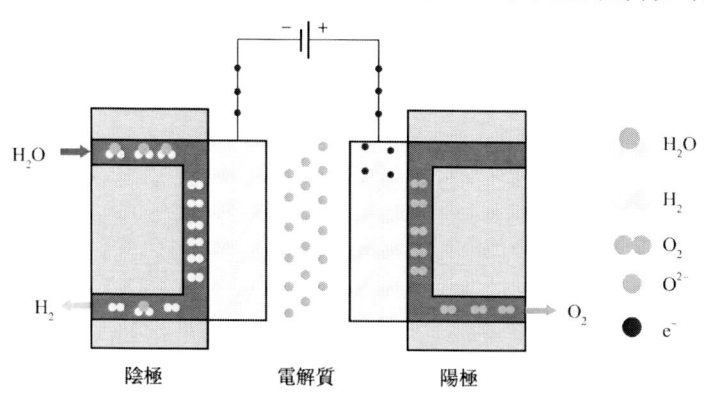

圖 3－16　固體氧化物電解池的原理示意圖

氧化物電解質促使 O^{2-} 遷移到陽極催化層，O^{2-} 發生氧化轉變為氧氣，失去的自由電子進入外電源。固體氧化物電解池的工作原理是在高溫狀態下，利用電離技術，將高溫飽和水蒸氣電離，產生氫氣和氧氣。結構上，電極材料需要具備多孔的特點，且電極間的電解質層要求相對緻密，且材料耐高溫，因為工作溫度在 700～1000℃，通常採用摻雜 8%（莫耳）比例 Y_2O_3 的 ZrO_3 作為電解質，該電解質在高溫下可以實現陽離子的傳輸，並且本身具有良好的熱穩定性以及化學穩定性。SOEC 水電解同時高溫電解可以在一定程度上降低水的電解電壓，從而降低電能消耗，高溫電解的這一特性可以使水電解的熱力學效率極高，實質就是利用電解技術，將電能和熱能轉化為氫能。

固體氧化物電解水製氫由於電極間的電解質層情況特殊，固體狀態避免了其他電解池因使用液體電解質而具有的腐蝕及損耗問題，簡化了裝置及設備。同時固態電解質相對降低了電極的材質選用限制，可減少貴金屬電極的使用。但固體氧化物電解池存在高溫工作環境導致的缺點，例如，由於溫度原因，陰極部分材料會出現逐漸燒結的狀況；陽極材料隨著電解過程中氧氣的產生，發生團聚反應，使得電極氣孔率發生改變，催化劑的催化活性降低；長時間的高溫電解，使得固態電解質與陰極部分介面材料發生反應形成高阻抗，增加能源消耗；高溫對電解池連接材料的要求，同時高溫工況造成的熱能及水資源損失，增大了電解池選材要求，因此，高溫固體氧化物電解池相關裝置尚處於基礎研究階段，短期內無法形成大規模的實際應用。

3.4 其他製氫方法

3.4.1 氨分解製氫

氨（NH_3）作為世界上產量較多的大宗基礎化工產品之一，是製造硝酸、化肥、炸藥的重要原料，隨著全球迎來以清潔化、低碳化為主要特徵的新一輪能源轉型浪潮，氨作為化學儲存介質和能量載體屬性被廣泛探索和應用。氨可以被看作一種儲氫介質，它的儲氫密度是氣態或液態氫質量百分比的 100～1000 倍，並且每公斤的能量密度與化石燃料（如煤和石油）相似。因此，氨分解反應受到越來

越多的科學研究工作者的關注。氨分解反應的產物 N_2 和 H_2 可以在精細化工、浮法玻璃、醫藥等領域做保護氣體，特別是近十年來氫儲能領域的快速發展，氨分解製氫引起了氫燃料電池行業的廣泛關注。

氨在熱化學作用下分解的反應方程式為：

$$2NH_3 \rightleftharpoons N_2 + 3H_2 \quad (3-26)$$

眾所周知，合成氨反應是可逆反應，由於合成氨反應是放熱過程，所以氨分解反應為吸熱過程，氨分解製氫工藝路線如圖3-17所示。根據熱力學計算，當氨分解反應溫度達到673K時，NH_3 的轉化率對溫度的依賴性逐漸減小，當溫度為523K時，氨的理論轉化率可以達到89%以上，但在實際進行氨分解反應過程時，由於該反應的活化能達到180kJ/mol以上，這給該反應在相對低溫下氨的轉化率造成了難以踰越的障礙，儘管高溫下能獲得較高的氨分解的轉化率，但高溫所引發的安全隱患及設備投資大等問題限制了其應用。因此，新型氨分解催化劑的研發，是實現低溫、高效熱化學氨分解製氫的關鍵。

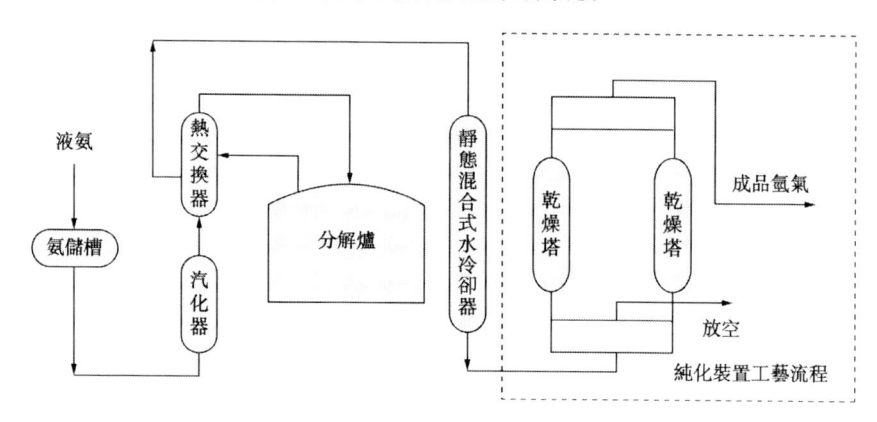

圖3-17　氨分解製氫工藝路線圖

目前，釕基催化劑仍是最有效的熱化學氨分解催化劑，如Ru/CNT催化氨分解過程在430℃時氫氣的生成速率為6350mol(H_2)/mol(Ru)。進一步材料改性可以提高其低溫下的催化活性，如Cs和石墨化CNT的協同作用可以使得氨分解反應的溫度大幅降低。但是，由於貴金屬Ru的價格昂貴、儲量少，在實際氨分解製氫生產過程中很少使用釕基催化劑，開發價格低廉、低溫催化活性高的氨分解製氫催化劑仍具有重要意義。

整體來說，氨分解製氫反應具有產物純度高、裝置複雜度低、液氨運輸安全高效、成本低等特點。然而，氨分解製氫的應用關鍵是常壓低溫下具有高活性催化劑的製備，這也是該製氫技術大規模推廣應用的關鍵。

3.4.2 催化水解製氫

催化水解製氫技術是指金屬或氫化物在室溫條件下可以直接與水反應製備出大量的氫氣。常用的水解製氫原料有 $NaBH_4$、$NaAlH_4$、NH_3BH_3、MgH_2、Al 等。催化水解製氫反應不需要高溫高壓等苛刻的反應條件，因此不同於上文所述化石燃料重整製氫等方法存在較高的技術壁壘，而且產物中沒有 CO 等毒化燃料電池的副產物，是非常適合應用在便攜燃料電池上的製氫方式。水解原料通常含氫量較高且在常溫下穩定存在，可直接作為儲氫介質進行儲存和輸運，因此這種「制儲氫一體化」技術的應用可以實現氫氣的邊產邊用和按需線上供氫，以解決目前氫氣的儲存和運輸過程中伴隨的高成本和高安全隱患問題。

催化水解製氫技術的應用一方面可以替代大體積、高重量、耐高壓或絕熱儲氫瓶的使用，有效規避高壓氣態儲氫、低溫液態儲氫及固態金屬氫化物儲氫在應用過程中暴露出的問題；另一方面，它不依賴於基礎設施建設，即製即用，可適用於嚴苛極端環境，可便攜、方便更換、長時續航。但受限於製氫材料的成本以及高效水解製氫催化劑，目前水解製氫技術尚未實現大規模的民用化推廣，相關研究主要集中在高性能、低成本水解製氫材料的開發（詳見本書第 6 章 6.3 水解製氫材料部分）和高效水解製氫反應器的設計。

水解製氫測試實驗通常在玻璃反應器內進行，配合氣體定量分析裝置進行產氫測試分析，實驗裝置範例如圖 3-18 所示。由於水解製氫過程涉及氣液兩相反應，且經常伴隨著劇烈的水解反應而放出較多熱量，所以反應裝置要嚴格密封，通常通過排水測體積法、氣泡定量法、氣相色譜分析法、重量法等方法測定產出的氫氣量。

而面向實用化設計的水解製氫耦合燃料電池電源裝置則需要更多關注系統的可控性、整合度和穩定性等方面。該便攜氫燃料電池電源系統可以分為氫氣發生單位和燃料電池單位。由於燃料電池工作對於氫氣的純度要求高，氫氣發生系統主要包括氫氣發生器和氫氣淨化裝置兩部分。氫氣發生器以產氫為主要目的，同時要具備氣液分離的能力；氫氣淨化裝置用於去除高效反應過程中隨大量水蒸氣和水霧溢出的鹽鹼等成分。通過合理的結構設計，提高系統的可操控性和裝置整合度也是水解製氫耦合燃料電池電源系統的難點問題。

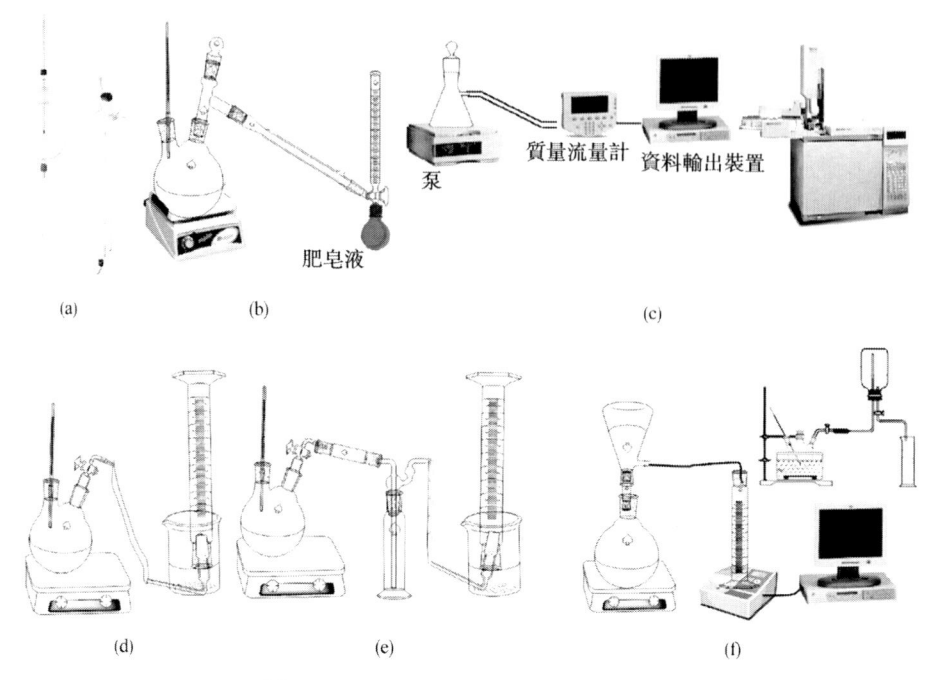

圖 3-18　水解製氫測試實驗裝置示意圖

　　根據水解製氫材料的進料與反應方式不同，研究者開發了不同類型的水解製氫反應系統。Avrahami 等人設計了一種分級進料模式的水解製氫系統（如圖 3-19 所示），水解製氫材料可通過電機帶動的葉片輪控制，逐次加入反應液中，實現製氫反應的啟停控制和流量控制，耦合控制器和燃料電池後的整體電源能量效率達到 1400W·h/kg。Pozio 等人發明了一種用於硼氫化鈉水解製氫的氫氣發生器（如圖 3-20 所示）。該裝置使用具有鐵磁性的微米級磁芯作為催化劑載體，將負載型金屬催化劑附著於磁芯表面，吸附於磁鐵兩磁極間，將水解製氫材料（$NaBH_4$）配製成鹼性水溶液流過兩磁極間的通道，在另一端得到所需氫氣和其他生成物。該結構有效地提高了金屬負載型催化劑的循環使用性能，通過分流水解產物和氫氣可作為連續產氫裝置使用。

　　Kim 等人提出了一種噴霧式水解製氫反應裝置（如圖 3-21 所示），通過蠕動泵控制酸性反應液的加入量，採用噴霧的形式增大反應液與水解製氫材料的有效接觸面，增大反應效率，反應產物分離系統提高系統整合度，使其裝置儲氫容量比傳統水解製氫裝置提高 1.44%。張釗等發明了一種基於啟普發生器原理的水解製氫系統（如圖 3-22 所示），該系統能夠通過氣路內外壓力差實現水解製氫反

應的自動調節和啟停，且通過環繞在燃料電池外的盤繞式水管收集燃料電池工作產生的廢熱和副產物水，可以實現反應熱與反應液的循環利用。

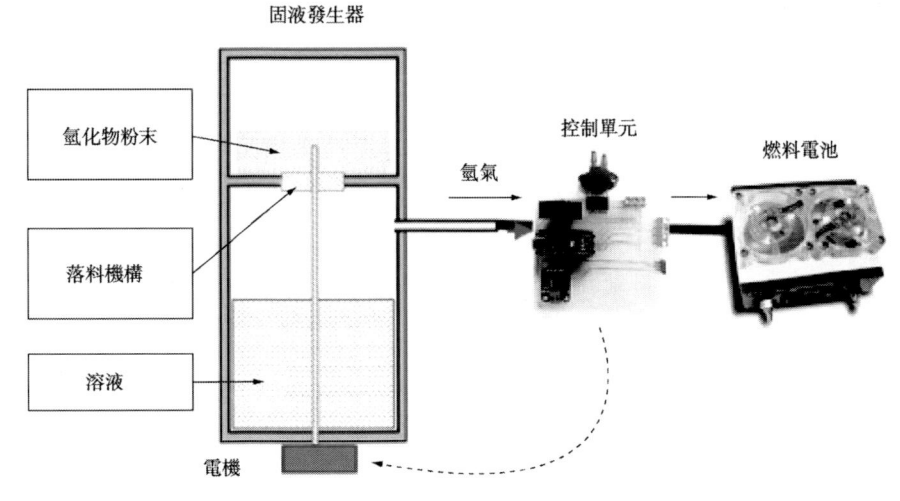

圖 3—19　分級進料式水解製氫系統示意圖

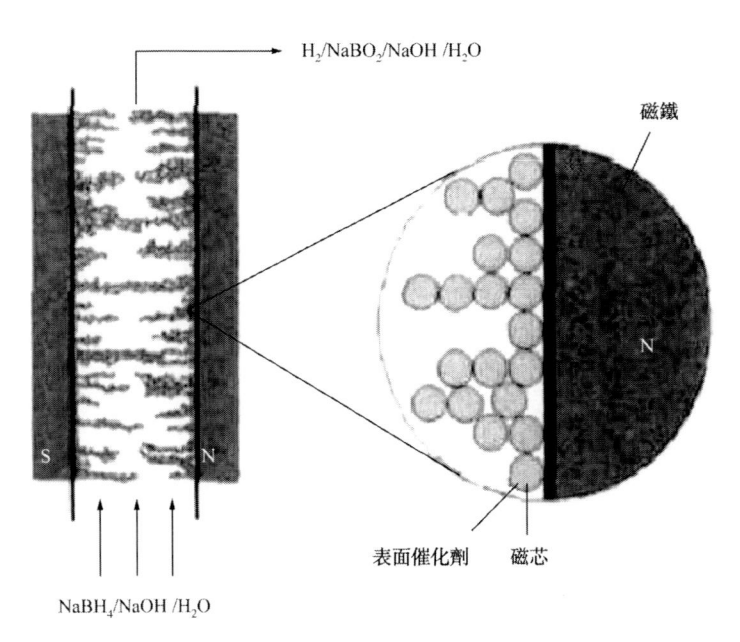

圖 3—20　磁吸式催化 $NaBH_4$ 溶液產氫裝置示意圖

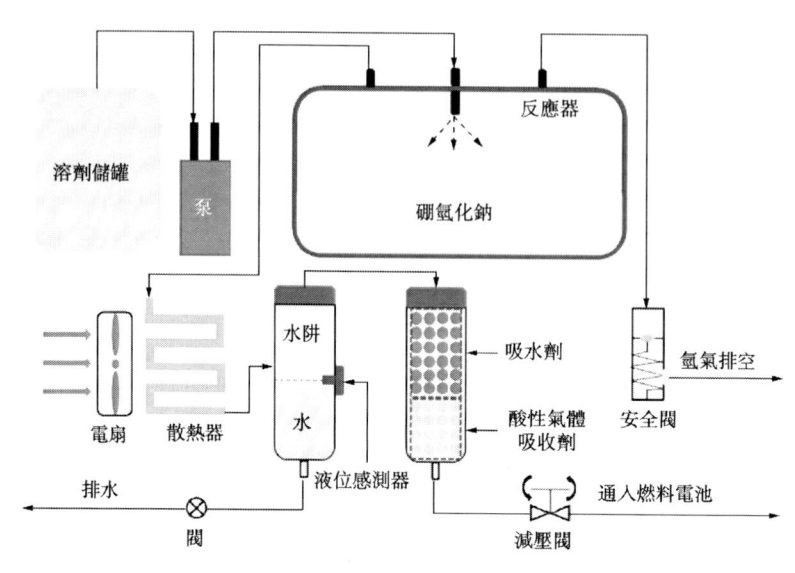

圖 3-21 噴霧式水解製氫反應裝置示意圖

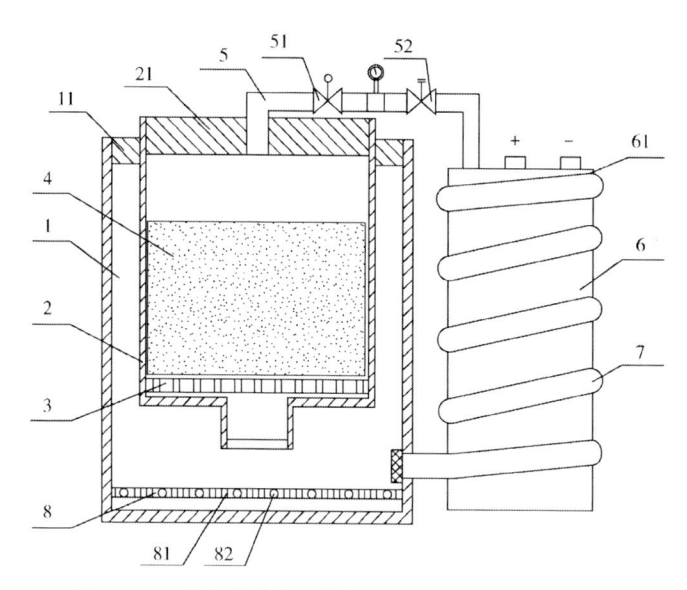

圖 3-22 基於啟普發生器原理的水解製氫系統示意圖
1—儲水容器；2—水解反應器；3—微孔濾板；4—水解原料塊體；5—氫氣導氣管；
6—質子交換膜燃料電池；7—盤繞式水管；8—沉澱吸附層；11—第一密封塞；21—第二密封塞；
51—截止閥；52—壓力調節閥；61—單向出水閥；81—過濾網板；82—轉動件

3.4.3 生物質發酵製氫

碳水化合物是主要的產氫來源，因此碳水化合物含量較高的原料，如廚餘垃圾、食品加工企業的廢棄垃圾等，產氫過程具有氫氣濃度高、產氫速率快、氫氣產率高等特點。生物質發酵製氫過程(如圖3－23所示)包括生物光解產氫、光發酵以及暗發酵等形式。與其他生物產氫過程相比，暗發酵的方式原料來源廣泛，可利用多種工農業固體廢棄物和廢水。此外，暗發酵產氫的速率高且無須太陽能的輸入。因此，從能源和環境角度，利用廢棄生物質進行發酵產氫前景廣闊。

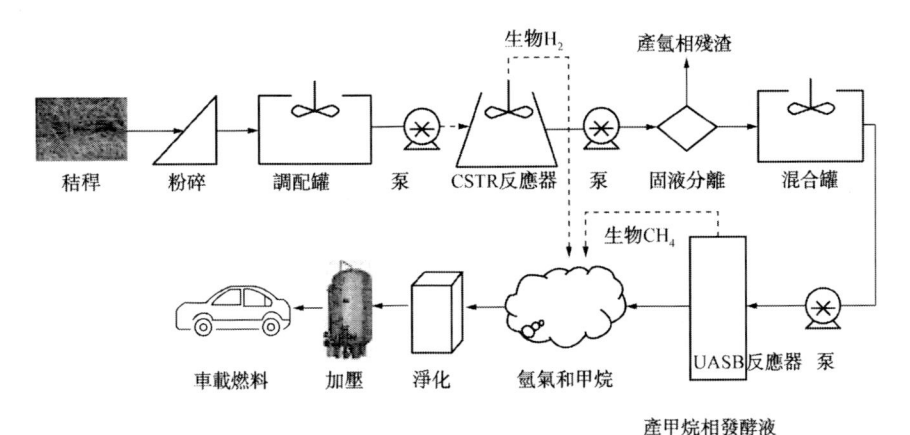

圖3－23 生物質發酵製氫過程示意圖

目前，已有多種反應器用於暗發酵產氫，包括連續攪拌反應器(CSTR)、濾床反應器(LBR)、連續旋轉鼓式反應器(CRD)、厭氧序批式反應器(ASBR)、上流式厭氧汙泥床反應器(UASB)、填充床反應器(PBR)、載體顆粒汙泥床反應器(CIGSB)以及厭氧流化床反應器(AFBR)等。

3.4.4 光催化製氫

光催化分解水製氫技術始於1972年，由日本東京大學Fujishima和Honda教授首次報告發現TiO_2單晶電極光催化分解水從而產生氫氣這一現象，從而揭示了利用太陽能直接分解水製氫的可能性，開闢了利用太陽能光解水製氫的研究道路。光催化分解水製氫的反應是利用一些半導體材料如TiO_2的吸光特性，半

導體材料在受到光子的激發後，當輻射的能量大於或相當於半導體的能隙時，半導體內電子受激發從價帶躍遷到導帶，而空穴則留在價帶，使電子和空穴發生分離，然後分別在半導體的不同位置將水還原成氫氣或者將水氧化成氧氣。反應原理如圖3－24所示。其在兩極的反應如下：

陰極反應
$$2H^+ + 2e^- \longrightarrow H_2 \qquad (3-27)$$

陽極反應
$$2H_2O \longrightarrow O_2 + 4H^+ + 2e^- \qquad (3-28)$$

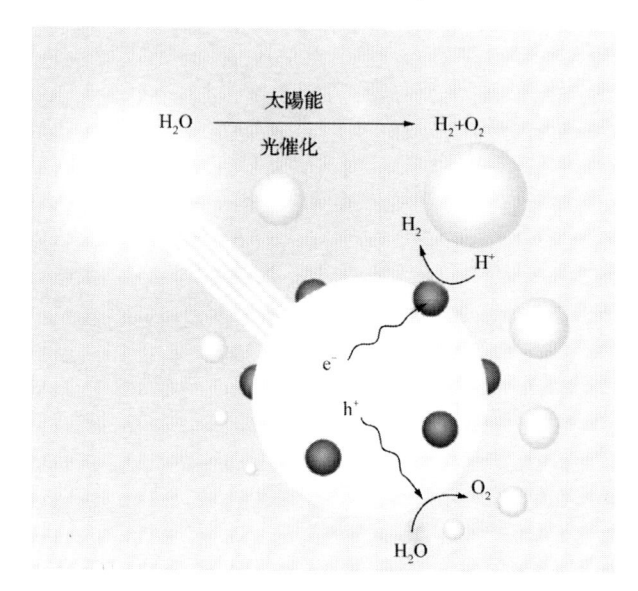

圖3－24　光催化分解水原理示意圖

　　光催化分解是一種綠色環保的製氫方法，可以有效地將光能轉化為化學能。在此過程中，催化劑的選擇是提高光催化產氫速率的關鍵，其性能直接影響製氫的效率和成本。目前常用的光催化劑有二氧化鈦、氧化鋼、氧化鋅等。其中，二氧化鈦因具有良好的光催化性能和穩定性而最受研究者的青睞，但其光吸收範圍較窄，只能吸收紫外光，製氫效率較低。

　　光催化製氫技術具有廣泛的應用前景，其可用於可再生能源的儲存利用，也可用於工業廢水和氫能生產等領域。目前，光催化製氫技術的研究和應用還主要停留在實驗室階段，其工業化應用還存在一些挑戰，如低成本、穩定、高效的光催化劑開發和光電極的耐久性等問題還有待突破。

3.5 氫氣的純化

自然界中沒有純淨的氫氣，氫總是以化合物的形式存在，因此在氫氣製備的過程中不可避免地帶有雜質。以焦爐煤氣製氫的雜質成分為例，如表3−1所示，焦爐煤氣中的雜質氣體成分與煤的品種有很大關係，副產物中都或多或少含有S、N等雜質元素。這些元素對於燃料電池特別是Pt催化劑影響較大，如果含量超過標準就會導致催化劑中毒，從而影響燃料電池的使用壽命，因此必須將氫氣提純至99.999%後方可用於燃料電池。

表 3−1　焦爐煤氣主要氣體成分

組分	含量/%(體積)	組分	含量/%(體積)
H_2	55.60	N_2	8.75
CH_4	24.65	O_2	0.56
CO_2	2.14	C_nH_m	2.1
CO	6.26		

當採用鹼性水電解槽製氫時，氫氣產物中常見雜質是水氣和氧氣，約占到體積總量的1%。整體來說，無論用哪種方法製氫，都含有不同程度的雜質。隨著高純度氫在化學工業、半導體、燃料電池領域應用需求的成長，氫的純化技術日益得到重視。氫的純化有很多種方法，主要包括金屬氫化物分離、變壓吸附和低溫分離等，每種方法都有其優勢和侷限性，下面分別簡要介紹。

3.5.1　金屬氫化物分離純化

金屬氫化物法是利用儲氫合金可逆吸放氫的能力提純氫氣。金屬氫化物對氫具有高度的選擇性，當含氫混合氣體與儲氫材料接觸發生吸氫反應時，氫分子在儲氫合金的催化作用下分解為氫原子，然後經擴散、相變、化合反應等過程生成金屬氫化物，只有氫能發生氫化反應，雜質氣體不參與反應或吸附於金屬顆粒之間，而後通過抽真空將雜質氣體除去。當升溫減壓發生脫氫反應時，氫氣從晶格裡出來，純度可高達99.9999%以上。

具有實用前景的儲氫合金有稀土系（LaNi）、鈦系（TiFe）、鋯系（ZrMn$_2$）、鎂系（Mg$_2$Ni）等，但不同雜質氣體對它們的毒化作用有所不同。稀土類材料易被 O$_2$、H$_2$O、CO$_2$、N$_2$、CH$_4$ 所毒化；而鈦系材料則更易被 CH$_3$SH、N$_2$、CH$_4$ 等毒化。因此，要根據氣體雜質的成分來選擇純化用儲氫材料。金屬氫化物法同時具有提純和儲存的功能，具有安全可靠、操作簡單、材料價格相對較低，產出氫氣純度高等優勢，但是，金屬合金存在容易粉化，釋放氫氣緩慢，需要較高的溫度等問題，且金屬氫化物法處理氫的量不大，目前主要適合實驗室使用。

3.5.2 低溫吸附純化法

在低溫條件下（液氮溫度），利用吸附劑對混合氣源中雜質的選擇性吸附作用，可以製取純度達 99.9999％ 以上的高純氫氣。為了實現連續生產，一般使用兩臺吸附器，其中一臺在使用，而另一臺處於再生階段。根據氣源中雜質成分和含量，吸附劑通常選用活性炭、分子篩、矽膠等。以電解氫為原料時，由於電解氫中主要雜質是水、氧和氮，可先採用冷凝乾燥除水，再經催化除氧，然後進入低溫吸附系統去除。

低溫吸附純化系統一般由穩壓匯流排、常溫吸附淨化和超低溫吸附淨化三部分組成，如圖 3-25 所示。通過穩壓匯流排將原料氫氣穩壓、降壓，進而在常溫吸附淨化裝置中將 99.5％ 的工業氫初步提純成含氧量為 $(1\sim5)\times10^{-6}$、露點為 -70℃ 左右的純氫氣。最後經過超低溫吸附淨化裝置，對純氫中的超微量水、氧、氮和碳氫化合物等進行超強吸附，獲得純度達 6N 以上的超純氫氣。

中國 1950 年代開始小批量試製小型深冷空分設備，1980 年代後由於下游鋼鐵、有色金屬對氧、氮、氬等工業氣體的需求得到快速發展，深冷技術擴展到天然氣、現代煤化工等行業。

3.5.3 變壓吸附法

變壓吸附法（PSA）是利用固體吸附劑對不同氣體的吸附選擇性及氣體在吸附劑上的吸附量隨壓力變化而變化的特性，在一定壓力下吸附，通過降低被吸附氣

第3章 氫能的製取技術

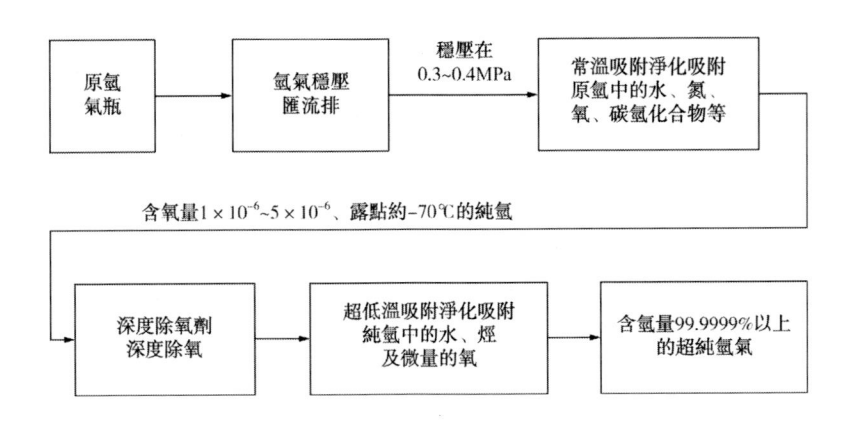

圖 3-25 低溫吸附純化系統原理示意圖

體分壓使被吸附氣體解吸的氣體分離方法。因為變壓吸附法是通過選擇性吸附雜質氣體而達到純化氫的目的，它要求待處理的原料氣中氫的體積分數要大於 25%。

PSA 吸附工藝如圖 3-26 所示，將具有一定壓力的氫氣引入吸附塔達到吸附壓力，開始進行吸附，然後降低吸附塔壓力從而降低易吸附組分的分壓使其從吸附劑上脫附下來，通過沖洗去除降壓後殘餘在吸附塔內的雜質，使吸附劑再生，完成一次吸附過程。PSA 法裝置和工藝相對簡單，可一步獲得純度大於 4N 的氫

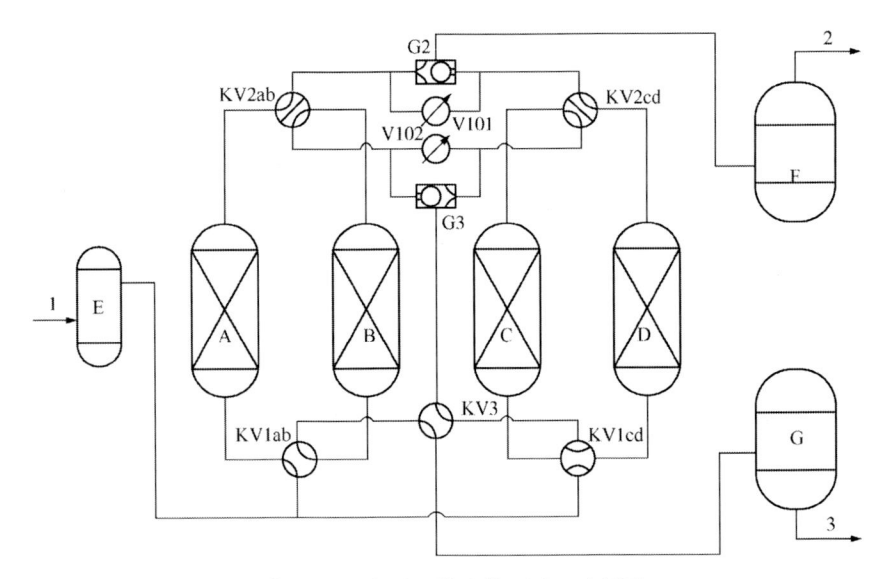

圖 3-26 變壓吸附法裝置原理示意圖

· 51 ·

氣；對於氣源壓力要求為 0.8～3MPa，且對於原料氣中雜質組分的要求並不苛刻，省去了很多氣源的前處理過程。

變壓吸附法的特點主要有以下兩點：

(1) 吸附有選擇性。即不同雜質氣體在吸附劑上的吸附量有所不同，需要根據氣源特性加以選擇。

(2) 氣體組分的吸附量隨其在吸附劑上的分壓降低而減少。變壓吸附本質上就是利用這一特性，在較高壓力下進行吸附，此時吸附量較小的氫氣作為產品優先通過吸附床層，而吸附量較大的雜質組分則被吸附留在床層；通過降低床層壓力，被吸附組分解吸附，吸附劑獲得再生。

整體來說，變壓吸附的過程可以分解為吸附→降壓解吸附→逐級升壓→吸附，各吸附塔輪換操作，反覆循環此過程即達到純化氫氣產物的目的。

變壓吸附法(PSA)相對於其他提純分離方法，是在規模化、能源消耗、操作難易程度、產品氫純度、投資等方面都具有較大綜合優勢的分離方法。中國自 1980 年代開始發展變壓吸附法技術，並很快取得突破。隨著吸附劑及工藝技術的進步，變壓吸附法操作過程中的切換頻率、吸附劑利用率均有所提高，裝置投資成本逐步降低。

第4章

氫能的儲存技術

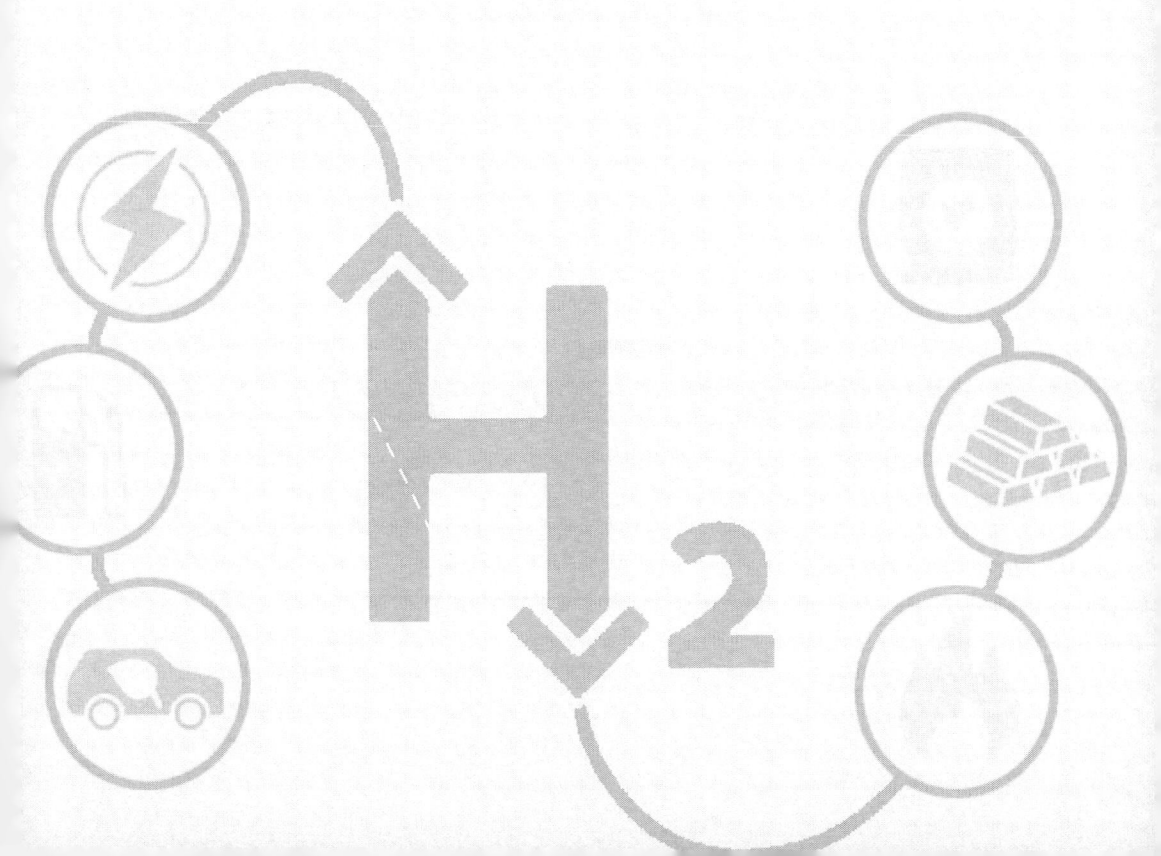

氫作為綠色清潔的能源載體而受到廣泛關注的重要原因之一就是其儲存能力強，與傳統化石燃料相比，汽油的比能量約為10kW·h/L，液化天然氣的比能量約為6kW·h/L，氫能的比能量則高達33kW·h/kg。但氫氣的密度僅為0.089g/L，導致其體積能量密度非常低，常規採用像天然氣一樣的低壓儲存形式，儲存4kg氣態氫氣需要45m³的容積，不具備實用性和經濟性。因此，安全高效、便捷、低成本的氫能儲運技術是制約氫能經濟發展的瓶頸問題之一，提高氫儲能的(體積)能量密度是建立氫儲能系統和推廣氫能技術所必須攻克的難題。

氫氣按照終端使用者可以分為面向工業、民用以及航空航太等特殊應用場景。其中，工業使用者需氫量大，看重成本與規模化效應，民用場景主要涉及移動端或固定式氫能儲存，更強調氫氣的體積/重量儲氫密度。基於使用者需求，多種多樣的氫氣儲運技術被開發出來，根據氫氣儲運過程中的形態不同，可以分為物理儲氫和化學儲氫。物理儲氫主要包括氣態儲存和液態儲存，化學儲氫主要是指儲氫材料儲氫，下面章節對其各種氫能儲存方法分別加以介紹。

4.1 氣態儲存

常溫、常壓下的氫氣為氣體狀態，常規的氣體儲存主要依靠壓縮氣體體積、提高氣體壓力來提高儲存效率，氫氣的密度過低，將氫氣增壓至較高的壓力，才具備一定規模化儲運效應。因此，根據儲存容器內氫氣壓力的不同，氣態儲氫又可以分為高壓氣態儲氫和低壓氣態儲氫，其中低壓氣態儲氫主要指管道輸運氫和地下岩穴儲氫。

4.1.1 高壓氣態儲氫

高壓氣態儲氫是目前最直接和最常用的氫氣儲存形式，這種方法具備吸放氫速度快、壓力容器結構簡單、技術成熟度高等優點。但是，氫氣難以被壓縮，隨著氫氣儲存壓力的提高，這種方法的侷限性也越發突出。首先，高壓儲存對氫氣增壓設備性能要求高，技術門檻較高，且壓縮過程能源消耗大；其次，高壓儲存對承裝容器的要求苛刻，採用傳統鋼質材料要求壁厚，容器笨重且存在氫脆等安全風險；高壓儲存的儲氫密度不高，氫氣的體積密度與其壓力和溫度的關係如圖

第4章 氫能的儲存技術

4-1所示,氫氣的體積儲存密度隨著溫度的降低和壓力的升高而增大,室溫下氫氣壓縮至700bar狀態的體積儲氫密度約為40kg/m³,對比美國能源部(DOE)對車載儲氫系統所設定的目標——體積儲氫密度為62kgH$_2$/m³、質量儲氫密度為6.5%——仍有一定的差距。而實際使用中,一個40L的鋼瓶儲存150bar高壓氫氣也僅能儲存大約0.5kg的氫氣,占高壓氫氣瓶總質量的1%,儲氫量小,運輸成本高,且存在一定的安全風險。

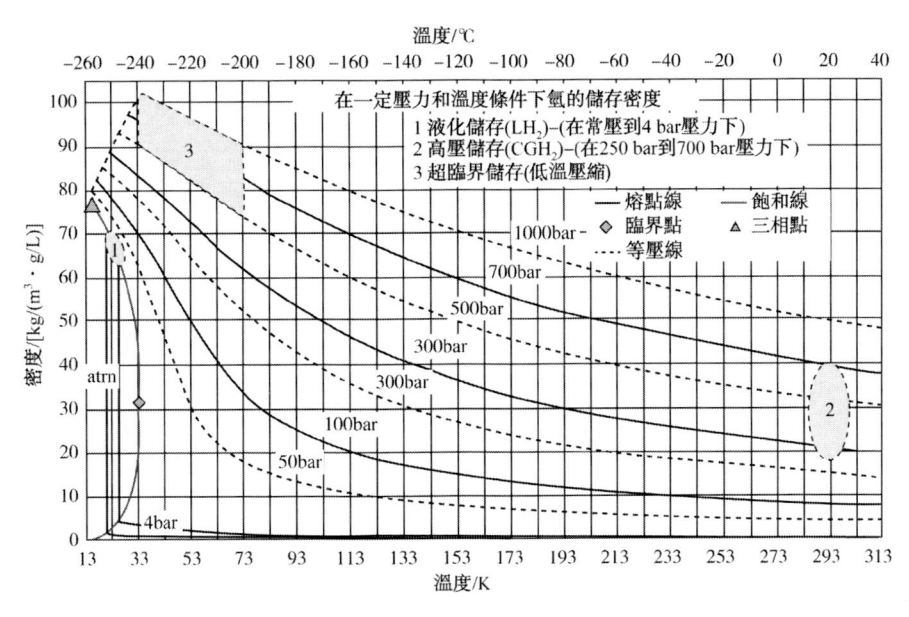

圖4-1 氫氣的體積密度與其壓力和溫度的關係示意圖

高壓儲氫容器根據製造工藝和形式不同主要分為鋼帶纏繞式(多層包紮)儲氫容器、鋁內膽纖維和複合材料內膽纖維全纏繞儲氫容器等,詳細參數見表4-1。其中,最為成熟且成本較低的技術是鋼製氫瓶和鋼製壓力容器,20MPa鋼製氫瓶已經在工業中廣泛應用,且與45MPa鋼製氫瓶、98MPa鋼帶纏繞式壓力容器組合應用於加氫站(如圖4-2所示)。碳纖維纏繞高壓氫瓶為車載儲氫提供了方案。目前70MPa碳纖維纏繞Ⅳ型瓶已是國外燃料電池乘用車車載儲氫的主流技術,中國燃料電池商用車載儲氫方式以35MPa碳纖維纏繞Ⅲ型瓶為主,70MPa碳纖維纏繞Ⅲ型瓶少量用於中國燃料電池乘用車中。70MPa儲氫罐的低成本、規模化製備是目前中國高壓氣態儲氫容器領域需攻克的難點問題。

表 4-1　高壓儲氫容器分類表

儲氫瓶組類別	I	II	III	IV
材質	鉻鉬鋼	鋼製內膽纖維環向纏繞	鋁內膽纖維全纏繞	複合材料內膽纖維纏繞
工作壓力/MPa	17.5~20	26.3~30	30~70	30~70
儲存5kg氫氣的瓶體質量/kg	400	250	130	90

圖 4-2　鋼帶纏繞式儲氫容器(上)，儲氫瓶組(下)

固定式鋼製儲氫罐一般在加氫站作為主要的大規模儲氫容器使用，儲存量較大。鋼製容器主體由多層鋼板包紮銲接而成，如圖 4-3 所示，每層筒身部分基本由 3 個筒體(2 個半圓鋼板 2 接 1)組成，每層筒身的縱縫、環縫相互錯開，封頭焊縫坡口呈階梯狀，並通過不同寬度的鋼板與筒身銲接在一起。雖然相比於大型高溫高壓容器，儲氫罐的製造工藝要求和成本較低，但由於氫氣的原子半徑

第4章 氫能的儲存技術

小，高壓氫氣極易導致氫分子從容器壁逸出而產生氫脆現象。氫通常會降低材料的機械性能，而金屬微觀結構中氫的存在會導致不可預測的失效，這被稱為氫脆或氫致降解現象。材料中氫的存在導致延展性、韌性、拉伸強度降低，最終導致不可預測的材料失效或容器洩漏，這些都是高壓儲氫容器在製造過程中需要認真對待的問題。因此，為避免氫脆等失效現象的發生，研製新型壓力容器材料和先進製造工藝是高壓儲氫容器開發的主要方向。

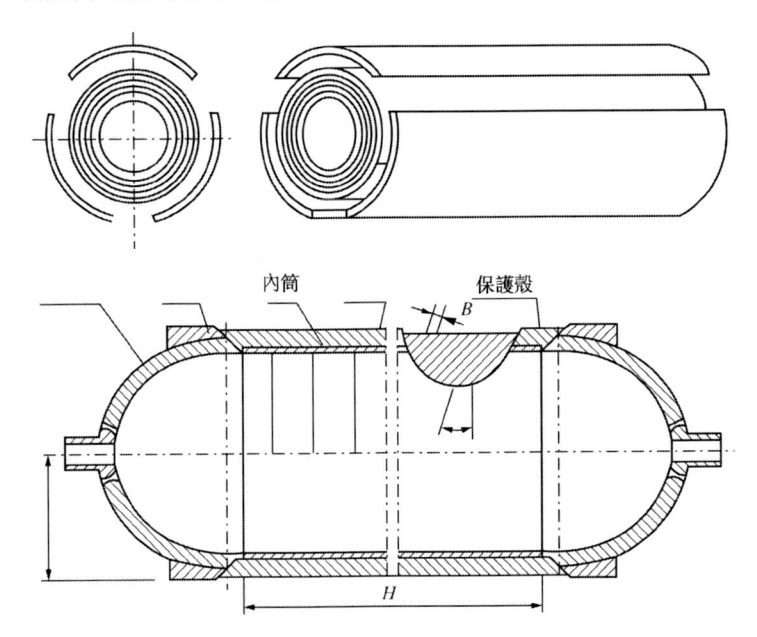

圖4－3　固定式鋼帶纏繞高壓儲氫容器結構示意圖

　　加氫站可選用長管拖車、液氫、管道運輸或製氫系統等不同方式供氫。目前，高壓儲氫是加氫站的主要儲氫方式。受技術和成本的限制，中國加氫站多採用直充的方式，而未採用高壓儲氫容器。高壓儲氫瓶式容器組具有更高的加氫效率以及更長的壽命，因此也被視作加氫站氫氣儲運的最佳解決方案。

　　加氫站儲氫系統的壓力主要由氫氣充裝壓力決定。加氫站按技術指標的不同，主要分為35MPa和70MPa兩類，35MPa加氫站儲氫容器的設計壓力一般取45MPa/50MPa，70MPa加氫站儲氫容器的設計壓力通常取82MPa/98MPa/103MPa。若採用70MPa的儲氫容器則意味著更高的燃料密度，相較於35MPa的加注壓力可以增加近60%的儲氫量，所以更高加注壓力的加氫站建設能夠更好地適應車載儲氫系統向更高的儲氫壓力發展的需求，但是，這也會使材料成本和加氫站能源消耗增加。

4.1.2 管道輸運氫氣

管道輸運氫氣是實現氫氣大規模、長距離運輸的重要方式，管道運行壓力一般為1.0～4.0MPa，具有輸氫量大、能源消耗小和成本低等優勢。但管道初始投資較大，投資成本較天然氣管道高50%～80%。經調查研究，在全球已建成的4500km輸氫管道中，美國有2500km的輸氫管道，歐洲已有1569km的輸氫管道(主要位於德國，如圖4-4所示)，而目前中國則僅有100km輸氫管道。

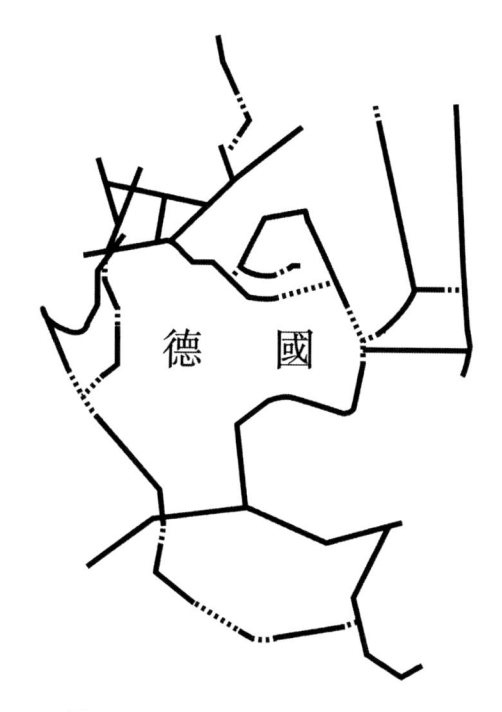

圖4-4 德國計劃建設中的輸氫管道

通過管道在1000km的距離上運輸氫氣是一種經濟高效的能源運輸方式。與這些距離上的電力運輸相比，氫運輸要便宜10倍。在美國能源部的一項研究中，對天然氣、氫氣、石油、甲醇、乙醇和電力的能源運輸成本進行了比較，高壓直流輸電的容量遠遠低於通過管道輸送液體或氣體的容量。此外，由於電纜中的電阻，電力傳輸過程中的能量損失也是不可忽視的成本因素。對於氫氣的管道輸運，雖然由於氫氣增壓需消耗額外的能量，但沒有氫氣分子的損失。通過提高管道中的氫氣流速，可以進一步降低氫氣成本，因為氫氣比天然氣輕，因此在較高

的流速下會產生湍流效應，進一步提高氫氣的輸運能力。

然而，氫氣的物化性質明顯區別於天然氣主要成分甲烷，表4-2對比了兩者的相關性質差異。由表4-2可知，較之甲烷，氫氣具有更低的密度、更高的熱值、更大的擴散係數、更寬的可燃範圍和爆炸極限、更低的點火能量、更高的火焰溫度，且氫氣對金屬材料性能有劣化作用(氫脆現象)。氫氣的存在增加了天然氣管道輸送掺氫天然氣、合成天然氣這類含氫天然氣的風險，一旦發生事故，可能會造成重大的人員傷亡和財產損失。

表4-2 氫氣與甲烷物理性質對比

名稱	標況下密度/(kg/m^3)	低熱值/(MJ/kg)	分子擴散係數/(m^2/s)	可燃範圍/%	點火能量/MJ	爆炸極限/%	最高火焰溫度/℃
氫氣	0.0838	120	6.1×10^{-5}	4~74	0.02	4.1~75	1800
甲烷	0.651	50	1.6×10^{-5}	5~15	0.29	5.7~14	1495

中國新疆於2014年12月正式實施的首個地方標準《煤製合成天然氣》(DB 65 3664—2014)中明確規定掺氫混合氣中的氫氣含量要低於4%(體積)，但實際製得合成氣中的氫氣含量波動不易控制。此外，對於混合氣體中氫氣的體積分數限制尚未有定論，恰當的氫氣體積分數受到管道材料、管道配件、天然氣成分及地理環境等因素的影響，不能一概而論。含氫天然氣管道輸送的安全性問題涉及多個方面，目前的研究重點主要集中在含氫天然氣與材料的相容性、洩漏與積聚、燃燒與爆炸、完整性管理及風險評估與完整性管理等方面，具體如下：

(1) 含氫天然氣與材料的相容性問題

含氫天然氣與材料的相容性問題即指含氫天然氣環境與材料的相互作用及影響問題，是開展管道輸送含氫天然氣之前需要解決的首要問題，通常只針對金屬材料進行研究。這是因為金屬材料暴露在含氫氣環境中會發生環境氫脆，氫脆會造成材料的力學性能損減，可能導致相應結構過早失效。

需要注意的是，長期工作在氫氣環境中的儲氫容器、管道等系統，其金屬材料通常會發生延性、斷裂性能、疲勞性能損減，這種現象稱為環境氫脆。區別於傳統的氫脆，即氫反應氫脆和內部可逆氫脆，環境氫脆通常由環境中的氫通過氣態輸運、物理吸附、氫分子離解、化學吸附、金屬中的擴散和溶解等過程，產生氫致開裂和塑性損傷，常見於輸送純氫、掺氫天然氣和合成天然氣等含氫天然氣的管線鋼中。

(2) 洩漏與積聚性風險

含氫天然氣的洩漏通常發生在分配管道系統中，在典型的高分子管道中，氫

氣的滲透速率一般比甲烷快 4～5 倍，美國燃氣技術研究院還測得氫氣在鋼和球墨鑄鐵管道密封及銲接位置處的氫氣洩漏率約是天然氣的 3 倍。而且，在管道輸送含氫天然氣過程中一旦發生洩漏，通常會產生氣體富集的現象，可引起窒息危險，遇明火容易發生爆燃危險，因此必須對該混合氣體的洩漏積聚行為進行研究。圖 4-5 為輸氫管道發生洩漏氣體聚集所引發的安全事故。

圖 4-5　輸氫管道開裂所引發的安全事故

（3）燃燒與爆炸風險

天然氣中氫氣的加入增大了火焰速度及火焰溫度，可導致劇烈的燃燒甚至發生爆炸，對含氫天然氣的燃燒爆炸研究將直接為相關系統在安裝中規定安全距離提供幫助。危險發生的形式主要包括密閉空間、有限通風空間和通風區域的燃燒爆炸行為以及管道洩漏產生的高速噴射火焰的危險。

（4）風險評估與完整性管理

管道的安全運行離不開完整性管理。良好的完整性管理可以有效減少系統風險，降低安全威脅。完整性管理一般涉及危險因素的辨識、缺陷檢測、失效評定、缺陷修復、預防保護等。現有的完整性管理都是圍繞天然氣管道制定的，對於含氫天然氣的輸送，氫氣的加入改變了管道的使用環境，劣化材料性能的同時影響失效模式。因此，完整性管理準則也將發生變化。風險評估作為完整性管理的一部分，需要結合現有的管道數據資訊，辨識危險事件與可能導致管道失效的情況，以了解危險事件發生的可能性並評估後果的嚴重程度。由於影響安全的因素多種多樣，最終產生危險的事件也有多種，它們發生的可能性以及後果的嚴重程度也會因為輸送介質、管道類型、操作條件、地理位置的不同而不同，所以很難做出統一的論斷。

當前中國專用的氫氣管網數量有限。除了建設氫氣管線以外，還可利用現有的天然氣管道摻氫，將天然氣和氫氣利用現有的管道一起輸送，然後再進行氫氣的分離提純。通過將天然氣基礎設施重新用於氫氣運輸，可以實現所謂氫備份，啟動速度快，成本效益高。這些氫氣主幹將連接低成本氫氣生產區域，以及其他地方的大規模儲存和氫氣需求中心。該方法可部分解決氫能基礎設施不足的問題，德、法、西班牙等國家已有應用。大多數歐洲天然氣分配管道通常由 PVC 或 PE 材料製成，增加氫氣壓縮機和必要安全維護設備後，輸氣管道可以容納純氫氣。德國和荷蘭已經計劃將其部分天然氣輸送系統轉換為專用氫氣主幹線路。中國經過大量的前期論證研究發現，摻氫 5%～15%（體積）的天然氣混合運輸形式，對通用管線沒有安全風險，運輸期間不會產生氫脆等問題，這樣就不必新建輸氫管道，只是增加後續氫氣分離提純的費用，將大大節省成本。

4.1.3　地下岩穴儲氫

地下岩穴儲氫是利用深部地下空間實施氫氣的大規模能源儲存。與壓縮空氣儲能等深地儲能系統類似，大型地下岩穴儲氫系統的設計和研究用以應對未來對氫能大規模儲存的需求。事實上，在可預見到的未來能源系統中，從可再生能源（風能和太陽能）的過剩電力中大量生產氫氣，進而將氫能季節性地儲存釋放，通過在一年中減少注入和釋放週期的措施，利用氫能的高儲存容量來補償冬季至夏季可再生能源發電的季節性波動。該季節性儲存系統具有比其他能量儲存系統（特別是電力）更高的單位儲存能量和較低的成本，並且與儲存時間相關的能量損失有限。這將允許系統根據平均需要確定整個氫氣系統的生產能力，而不是氫能的峰值需求，以供給因氫氣生產能力不足，而臨時產生的系統供電需求缺口。

目前，開發最多的地下洞穴是在鹽水礦床中獲得的洞穴，這些沉積層以圓頂型、枕型或層狀形式存在（如圖 4—6 所示）。其中，圓頂型鹽穴的地層非常厚，更為傾向在垂直方向上發育，直徑約為 1km，高度達 10km。而層狀鹽穴厚度較低（約為 100m），枕型鹽穴的尺寸通常介於上述兩種岩穴之間。鹽穴是目前較為適合開展大容量、高壓氫氣儲存的地質環境，其他如烴氣田（石油或天然氣）或煤礦由於存在殘餘烴和硫化合物等汙染物而不適合氫氣儲存。在英國和德國，岩穴已經被用於儲存高壓氫氣。為了保持穴壁的穩定性，鹽穴的結構和物理特性決定了氫氣儲存和釋放的速率。這意味著，壓力必須保持在岩石靜壓的 30%～80%

範圍內，並且對高壓氫氣交換的流速進行一定限制。過高的壓力會導致岩石破裂，而過低的壓力則會導致洞穴內爆。根據英國地質調查資料及其對使用中鹽穴氫氣吸放行為的研究，確定了可行的工作壓力為100～250bar。

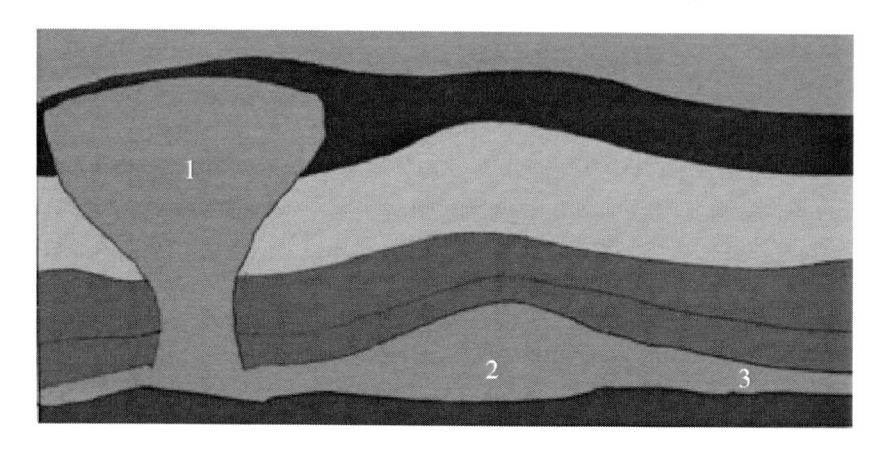

圖4-6 不同類型的鹽水礦床洞穴
1—圓頂型；2—枕型；3—層狀

2023年，中國首個地下岩穴儲氫專案落地湖北省大冶市，湖北省具備深地儲能的優越地質條件，深部地下儲能是保障國家能源安全的重大策略，該專案是結合太陽能發電、綠電製氫、岩穴及地下分散式儲氫、管道輸氫的氫能應用一體化示範，驗證了地下岩穴規模具化儲氫的技術可行性。

4.2 液化儲存

氫氣難以液化，從圖4-1中可以看出，氫氣的體積儲氫密度隨著環境溫度的降低逐步升高，當溫度低於33K時，體積儲氫密度陡升，開始轉變為液化氫狀態。低溫液態儲氫是指在標準大氣壓下，將氫氣置於-253℃的環境下，液化儲存於低溫絕熱液氫罐中，其體積儲氫密度可達70kg/m³左右，典型的液氫儲罐裝置如圖4-7所示。但裝置一次性投資較大，液化過程中能源消耗較高，儲存過程中有一定的蒸發損失，其蒸發率與容積有關，大儲罐的蒸發率遠低於小儲罐。由於不可避免地漏熱，液氫汽化導致罐內壓力上升，當壓力增加到一定值時必須通過安全閥排出氫氣。目前，液氫的損失率達到每天1%～2%。

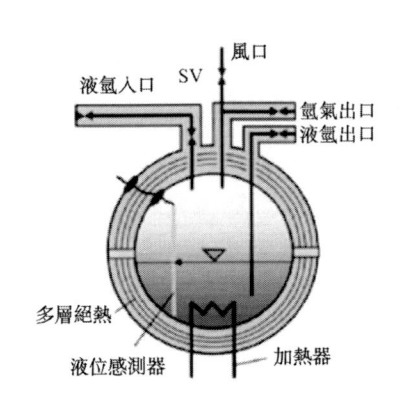

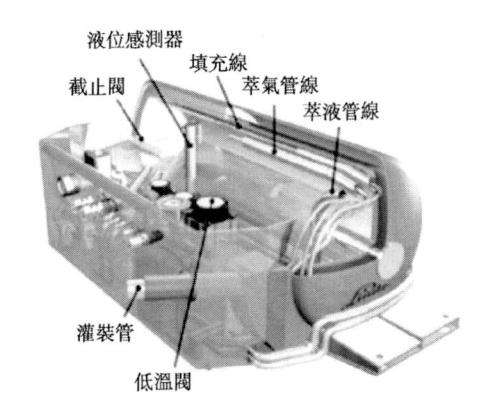

圖 4—7　液氫儲罐裝置示意圖

採用低溫液化的方式儲氫具有以下特點。

① 體積密度大：液氫的密度為常溫、常壓下氣態氫的 800 多倍，體積能量密度遠大於高壓氣態儲存。

② 液化耗能大：氫氣液化所需的極低溫環境，在工程實際中液化耗費的能量占到了總氫能的 30％。

③ 罐體要求高：儲槽內液氫與環境溫差達 250℃ 以上，對儲槽和絕熱材料的選材設計有很高的要求。

④ 蒸發損失高：液氫儲存過程中的蒸發損失與儲氫罐容積有關，大儲罐的蒸發率遠低於小儲罐。

⑤ 強規模效應：液氫的運氫成本隨運輸規模增大而大幅降低，隨運輸距離增大而升高的幅度不大。

此外，液氫是一種高能、超低溫的液體燃料，容易汽化、擴散和燃燒爆炸，在靜電積累情況下極易發生火災事故。當液氫生產工廠、儲罐、輸運管道等場所發生洩漏事故時，其汽化形成的低溫氫氣與空氣摻混形成的氣雲可能導致嚴重的爆炸事故。對於液氫汽化形成的低溫氫氣，其危害主要包括人員危害和火災危害兩方面。

(1) 低溫氫氣對人員的危害

低溫氫氣的危害的起因是液氫洩漏過程吸收了大量熱量。一方面，在相變過程中液氫的溫度一般為 20K，在洩漏過程中急劇汽化吸熱，當工作人員在不知道洩漏事故發生的情況下會造成皮膚凍傷，對人員造成傷害；另一方面，在換熱過程中低溫氫氣溫度很低且會迅速地充滿周圍環境，通過傳熱使得周圍空氣中的氧氣溫度下降並固化，使工作人員處在缺氧的環境中產生窒息。

(2) 氫氣洩漏燃燒危險性

汽化出來的低溫氫氣與環境空氣產生相互作用，會發生固空或固氧現象，當氧含量在40％以上時具有爆轟的潛在危險。氫氣具有4％～75％的可燃極限，同時在氫氣洩漏過程中只需要很小的點火能即可引燃洩漏氣體。曾有研究人員對氫事故資料庫進行了統計分析，結果顯示除了碰撞、電火花、熱壁面等原因外還有超過半數的氫事故中點火源未被查明。在傳播過程中空氣中氫氣燃燒速度可以達到7.3m/s。此外氫氣燃燒還具有火焰不可見、輻射熱量小等特點。

在液氫的應用方面，國外尤其是美國在液氫產業發展方面，技術成熟、產能巨大。而中國的液氫產品質量和製造水準與美國還存在較大差距，目前，國際上300多座落成的加氫站中，已有約1/3採用液氫進行儲運。國外現存及未來規劃液氫儲罐示意如圖4－8所示。

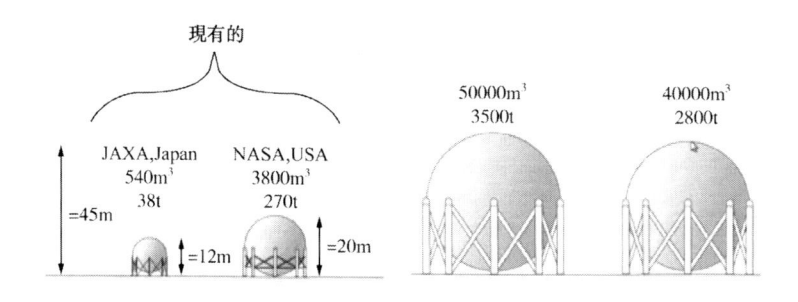

圖4－8　國外現存及未來規劃液氫儲罐示意圖

中國民用液氫市場還處於起步階段，低產能導致中國液氫生產成本遠高於美國等已開發國家，嚴重限制了液氫在高端製造、冶金、電子和能源產業等領域的應用，產品質量和製造水準與美國存在較大差距。

整體來說，低溫液化儲氫由於成本和能源消耗問題，目前中國還無法規模化利用，技術和應用主要集中在航太和軍工等領域。未來的液氫運輸可採用車輛或船舶運輸，液氫生產廠距使用者較遠時，可以把液氫裝在專用低溫絕熱槽罐內，放在卡車、機車、船舶或者飛機上運輸。在氫能產業規模擴大、配套設備和技術提升之後未來可期，未來液氫應用場景展望如圖4－9所示。如在電氫體系建設中，氫既需要大規模儲存，也需要長距離輸運，而液氫是這些過程的最佳媒介。一旦技術和成本問題實現突破，液氫可與海上風電製氫、太陽能製氫等新能源發電結合建立電氫體系，集中向需要密集地區運輸氫能，規模產業效益將巨大化，也可實現新能源優勢互補良性發展。

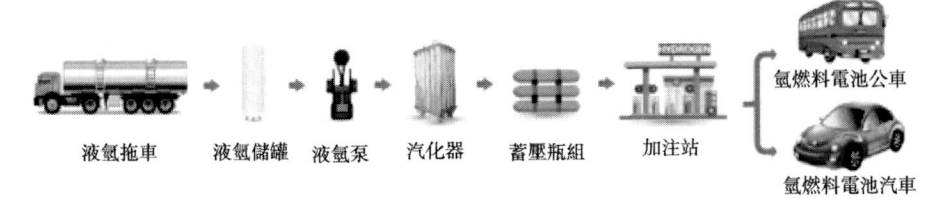

圖 4－9　液氫應用場景展望示意圖

4.3　儲氫材料儲存

儲氫材料（hydrogen storage materials）通常是指一類能在適當的溫度、壓力條件下可逆地吸收和釋放氫氣的材料。它在氫儲能系統中作為氫的儲存與運輸載體，是一個重要的新型尖端研究領域。前述的氣態和液化儲氫都屬於物理方式儲氫，是比較傳統和成熟的儲氫方法，無須任何材料作為載體，只需耐壓或絕熱的容器承載即可。而儲氫材料則更多面向新型材料的研究，利用氫與材料的相互作用實現氫氣的可逆吸收和釋放，主要包括物理吸附和化學吸附兩種儲氫方式，研究和開發新型儲氫材料已成為世界各國氫能領域的熱門研究課題。

雖然儲氫材料的發展歷史較短，但由於它們具有優異的吸/放氫特性，可以安全、高效地解決氫氣儲運難題，並且兼具一些其他的功能性質，已有報導的主要儲氫材料列於表4－3中。從表中可以看到，儲氫材料不僅包含金屬材料、無機材料、有機材料，同時也涵蓋金屬間化合物、離子型化合物、共價型化合物。

表 4－3　現有主要儲氫材料體系

儲氫性質	材料體系	典型材料
物理吸附	奈米結構碳材料	活性炭、奈米碳管、富勒烯、奈米碳纖維
	金屬有機骨架（MOFs）材料	
	沸石、微孔聚合物	
化學吸附	儲氫合金	MgH_2、La－Ni系、Ti－Fe系、T－V系
	金屬絡合物	$LiAlH_4$、$Li_2Mg(NH)_2$、$LiBH_4$
	液態有機儲氫材料	苯、甲基環己烷、乙基咔唑

但並不是所有儲氫材料都能在一定溫度和壓力的條件下直接進行吸氫和放氫的可逆操作。而只有具有合適熱力學性質的儲氫材料才能實現可逆吸放氫操作，根據材料能否在適中條件下進行可逆吸/放氫操作，可將儲氫材料分為可逆儲氫材料和非可逆儲氫材料。碳材料、金屬有機框架材料、儲氫合金、有機液體儲氫材料(如苯、甲苯、萘等)、部分金屬絡合物[如 $NaAlH_4$、$LiBH_4$、$Li_2Mg(NH)_2$等]為可逆儲氫材料。而水解製氫材料、部分金屬絡合物等為非可逆儲氫材料。非可逆儲氫材料的放氫產物不能直接氫化，因此必須運回工廠進行專門的再生處理。雖然這一過程比可逆儲氫材料消耗更多能量，但對於那些儲氫容量特別高的非可逆儲氫材料而言仍具有較高的實用和經濟價值，這一部分內容將在第 6 章詳細展開介紹。非可逆儲氫材料的放氫過程幾乎不存在反應平衡，所以它不能像可逆儲氫材料那樣通過系統地平衡氫壓來控制放氫的狀態，所以非可逆儲氫的應用還需解決放氫速率的控制問題。

根據材料與氫氣之間的作用性質可將儲氫材料分為兩類。一類是通過材料表面與氫氣的分子間作用力來儲氫，即物理吸附儲氫。其儲氫性能主要由材料的比表面、孔的結構和大小決定，奈米結構碳材料、金屬有機框架材料、微孔有機聚合物、沸石均屬於這類儲氫材料。另一類是通過材料與氫氣發生化學反應來儲氫，即化學吸附儲氫，其儲氫性能主要由材料與氫氣的化學反應的熱力學和動力學性能決定。

4.3.1 碳基儲氫材料

碳基儲氫材料是近年來發展起來的一類新型儲氫材料，主要是利用其獨特的內部結構，通過物理和化學吸附的方式來進行氫氣儲存。碳基儲氫材料主要包括活性炭、碳纖維、奈米碳管、富勒烯、石墨烯等，下面對碳基儲氫材料的儲氫機理、研究現狀及影響儲氫量的主要因素加以介紹。

具有高比表面積的活性炭常作為吸附材料而廣泛應用於化工領域，其能夠物理吸附分子氫的特性也較早被研究者發現，並用作吸氫介質，但這種物理吸附作用通常在低溫(低於 $-120℃$)和高氫壓下才能大量吸氫，儲氫量可達 $5.3\%\sim7.4\%$。而另一種化學吸附作用則與之不同，以富勒烯(C_{60})為例，其可與氫產生化學鍵合作用形成相當穩定的共價鍵，ΔH 為 $285kJ/mol\ H_2$，這就意味著要打破這種鍵而釋放出氫氣需要 $400℃$ 以上的高溫。

以奈米碳管為代表的碳基二維材料由於其多樣的理化性質和獨特的結構特

第4章 氫能的儲存技術

點，在元件、催化、能量轉化和儲存等領域具有廣泛的應用前景，同時，奈米碳管因獨特的晶格排列，尺寸細小、理論比表面積大等優點，也被認為是較有前景的儲氫材料。相較於傳統儲氫材料，碳基二維材料的儲氫量較大，且其中的「空穴」和結構還可通過製備方法進行調控，進而改變氫氣在材料表面的吸附強度，為了研究出更加符合實際生產需要的儲氫吸附劑，世界各國的科學家都在對二維奈米吸附材料進行不同程度的研究。

二維材料的研究起始於1930年代，Perierals等人研究認為準二維晶體材料由於其本身的熱力學不穩定性，在室溫下會迅速分解，故無法穩定存在。直到2004年，由Andre Geim和Konstantin Novoselov通過定向剝離石墨的方法，成功地在實驗中分離出石墨烯，證明了二維材料存在的事實。石墨烯是一種由C原子以sp2雜化軌道組成六角形呈蜂巢晶格的平面二維材料，由於其良好的強度、柔韌、導電性、導熱性及光學特性，在物理學、材料學、電腦、航空航太等領域得到了長足的發展。此外，石墨烯還擁有結構穩定性好、導電性好、表面易雜原子化等特點，與其具有相似特性的其他二維碳基材料，例如石墨化碳氮化物（g－C_3N_4、g－CN）和MXenes等，也是可用於儲存氫氣的理想基體材料，幾種儲氫用碳基材料的結構示意如圖4－10所示。

氫氣在碳基二維材料表面發生相互作用，在化學吸附力、凡得瓦力、靜電極化力和Kubas力等作用下實現儲氫。在化學吸附作用下，氫分子裂解為氫原子並滲透到材料內部，氫的吸附能達到了2eV以上，雖然具有較高的質量密度和體積密度，但其高溫的放氫條件也是限制其應用的關鍵。當氫氣以凡得瓦力吸附在材料表面時，H－H鍵並沒有斷裂，而是採用準分子模式吸附於基體材料上。然而，碳基材料儲氫原理及其應用這種方式極不穩定，例如氫氣分子在石墨烯中的吸附能小於0.1eV，在低溫下容易脫附。為了克服這一不足，通常採用金屬負載在碳基材料表面的方法，使氫氣以準分子的形式吸附在基體材料上。使用該技術情形下，相互作用力介於物理吸附與化學吸附之間，吸附能範圍為0.1～0.8eV。這種形式的儲存需在Kubas作用力或靜電極化力下達成。

G.J.Kubas等人的研究顯示，碳基材料基體對氫的分子吸附機理是由氫分子向過渡金屬原子中未占據d軌道的電荷轉移或由過渡金屬向氫的反鍵軌道發生電荷轉移所導致的，如圖4－11所示。氫分子中兩個氫原子之間的鍵處於被削弱又沒有斷裂的狀態，吸附到基體材料上。此外，被電離的過渡金屬產生的電場也會使氫分子發生極化從而形成更強的分子吸附作用。利用Kubas相互作用和極化作

用兩類機制，可以產生多個氫分子在金屬原子上的吸附現象，進而實現高效儲氫的目的。

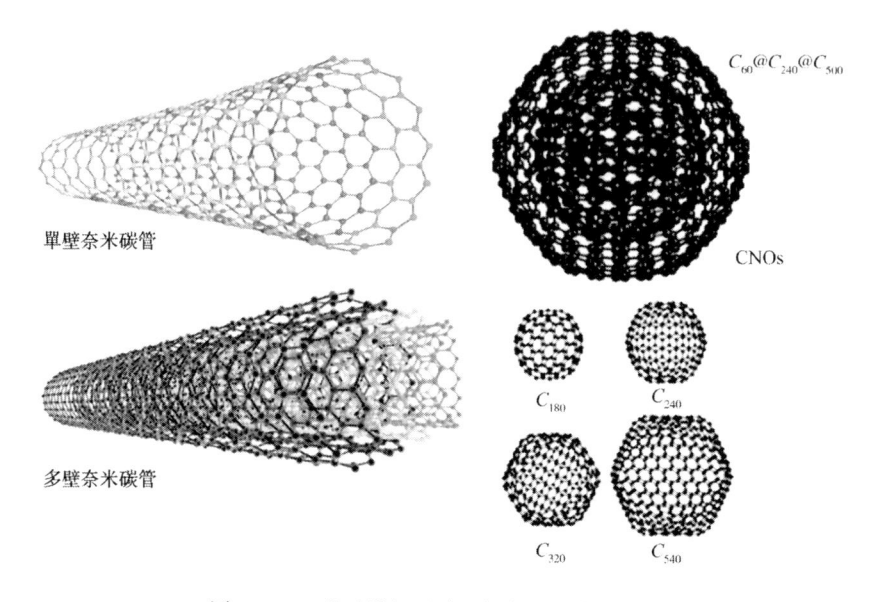

圖 4-10 幾種儲氫用碳基材料的結構示意圖

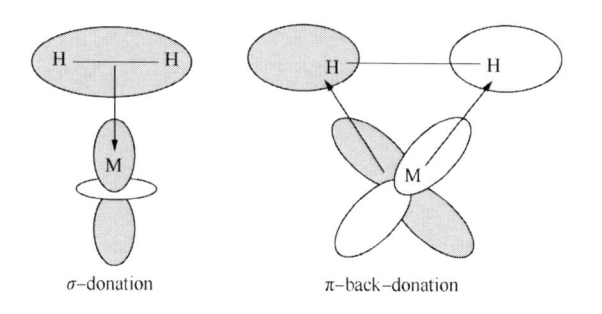

圖 4-11 金屬－氫分子的 Kubas 相互作用和協同作用示意圖

奈米碳管可分為單壁奈米碳管（SWNT）和多壁奈米碳管（MWNT）。與多壁奈米碳管相比，單壁奈米碳管缺陷少、長徑比大、結構簡單，有很高的強度、明顯的量子效應、較高的儲氫能力。由於單壁奈米碳管之間存在很強的凡得瓦力，更傾向於形成束狀的 SWNT 陣列，所以可以稱為二維奈米晶體。在 50 萬倍電鏡下觀察，奈米碳管的橫切面由 2 個或多個同軸管層組成，層與層間距為 0.343nm，此距離稍大於石墨中的碳原子層之間的距離（0.335nm）。通過 X 射線衍射及理論計算可知，奈米碳管的晶體結構為密排六方（HCP），$a = 0.2456$nm，

$c=0.6852$nm，$c/a=2.786$，與石墨相比，a 值稍小而 c 值稍大，這顯示在同一層奈米碳管內原子間有著更強的鍵合力，同時也預示著奈米碳管有極高的同軸向機械強度。同時，由於奈米碳管中獨特的晶格排列結構，其儲氫容量可高於傳統的儲氫材料。奈米碳管間存在一些側向排列的層板，層間距為 0.337nm，而氫分子的直徑為 0.289nm，這些層板間的特殊「中空」結構可以用來大量吸附氫氣。此外，由於這些層板與氫分子的結合併不牢固，環境氫壓下降所引發的膨脹即可使其放出氫氣，吸放氫的條件較為溫和。

在碳基二維材料的儲氫性能優化方面，加州理工大學的 Ye 等研究了不同條件下的多壁奈米碳管的比表面積與儲氫性能的關係。在 80K、10MPa 氫壓條件下的儲氫密度達到了 8.25%。他們通過機理研究認為，最初時氫氣分子吸附在奈米碳管的外表面，當壓力大於 4MPa 時，氫氣分子吸附在奈米碳管的內外表面，多壁奈米碳管的儲氫密度會大幅增加。進一步的研究發現，奈米碳管的表面特性決定了其與氫分子的互動反應，有效的表面處理是獲得奈米碳管高表面活性的重要步驟。Zhu 等採用硝酸和 NaOH 對奈米碳管進行表面處理，這種處理工藝有效地增加了表面積和表面活性，儲氫性能得到明顯增加。該方法是由乙炔-氫混合物在鈷基催化劑的作用下 900℃ 分解生長而成的。硝酸處理後，催化顆粒和其他雜質被去除，同時奈米碳管的端頭結點被打開，硝酸處理不會顯著影響奈米碳管的表面結構，可以大量增加表面氧官能團的數量。實驗顯示，採用該工藝處理後的奈米碳管樣品在室溫、10MPa 下的儲氫容量可以從 2.67% 提升至 6.16%。

此外，還有多種其他製備和改性碳基儲氫材料的工藝方法，如石墨電弧法、化學氣相沉積法、雷射蒸發法、有機物催化熱解法、等離子沉積法、高能球磨法等。整體來說，具有高比表面積的活性炭、碳纖維、石墨烯、單壁和多壁奈米碳管等均具有一定的儲氫能力。儘管碳基吸附材料已經顯示出一定的性能優越性，然而其大規模進入商業應用還有一段路程要走，開發較高溫度下的低成本碳基材料吸附儲氫技術是未來研究的主要方向。

4.3.2　金屬有機骨架材料

金屬有機骨架(metal-organic frameworks，MOFs)材料是由無機金屬中心(金屬離子或金屬簇)與有機配體通過自組裝相互連接形成的一類具有週期性網路結構的晶態多孔材料。圖 4-12 是 MOFs 材料的合成及化學組成示意圖。1995

年 Yaghi 等合成出第一種 MOFs 材料 MOF－5 至今，已有上萬種 MOFs 材料被陸續報導。大量的 MOFs 材料被研究應用於各種領域，如氣體吸附與分離、重金屬吸附、催化、儲能和藥物緩釋等。

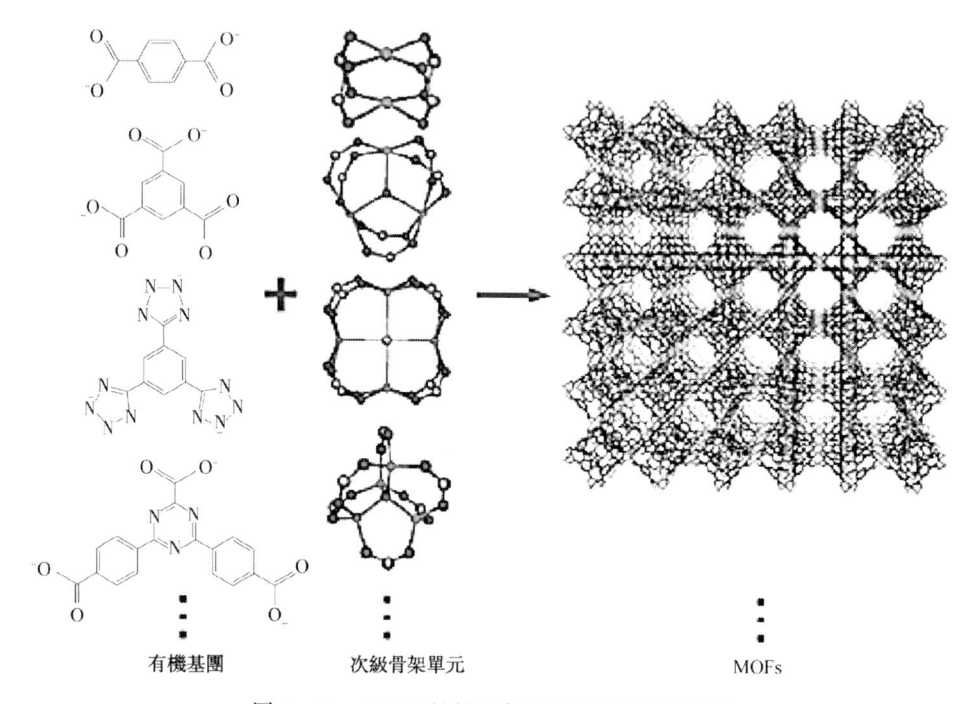

圖 4－12　MOFs 材料的合成及化學組成示意圖

MOFs 材料因為其超大的比表面積和超高的孔體積被認為是一種很有前景的固態物理吸附儲氫材料。MOFs 材料相比於其他物理吸附儲氫材料具有以下優勢：

① 多孔性。MOFs 材料是由金屬鹽和有機配體自組裝形成的配位骨架材料，因此 MOFs 材料呈現出多孔性，具有大量的孔道，將更有利於氣體吸附。

② 比表面積大。影響多孔材料性質的一個重要參數就是比表面積，比表面積越大意味著擁有更多的吸附位點，越有助於氣體吸附。

③ 結構多樣性。金屬離子和有機配體的種類很多，不同的金屬離子和有機配體的結合以及由於配體配位能力的不同均可以形成各種各樣的結構。此外還有很多影響材料結構多樣性的因素，如溫度、酸鹼度和合成方法等，導致最終生成的材料結構千差萬別，這為研究其性能提供了更多的可能性。

④ 不飽和金屬位點。在 MOFs 材料的合成過程中，金屬離子除了與有機配體配位外，還有部分金屬的配位數尚未達到飽和，會形成不飽和的具有酸性或者

鹼性位的金屬位點。

　　MOFs 材料由於其特殊的結構以及較大的孔容使得其儲氫能力能夠達到更高的水準。更重要的是 MOFs 材料作為儲氫材料，其潛在的消費較低且密度低而能夠更好地達到質量儲氫量。MOFs 材料應用在儲氫方面需要達到一些基本要求，如穩定的結構、良好的熱力學性質以及高效的儲氫性能。研究顯示，多種 MOFs 材料（HKUST－1、MOF－5、ZIF－8、MOF－177 等）可用於吸附儲氫系統，其典型結構如圖 4－13 所示。

HKUST-1　　　　　MOF-5　　　　　ZIF-8

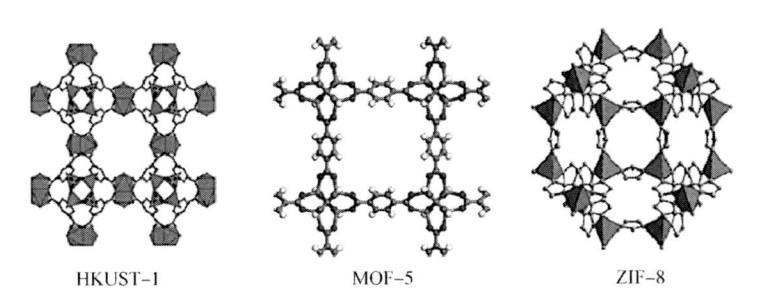

圖 4－13　幾種典型的可用於吸附儲氫的 MOFs 材料結構示意圖

　　Yaghi 首次使用 MOFs 材料作為儲氫材料，其研究發現 MOF－5 在 77K 下儲氫量達到 4.5％，吸附曲線呈現 I 型吸附，氫氣吸附量在一個較低的壓力下就達到平衡，顯示 MOFs 材料與氫氣之間存在相互作用。在室溫及 20bar 壓力下質量吸附量同樣達到 1％，其吸附量與壓力呈現出一定的線性關係，並且隨著壓力的增大仍然有增大的趨勢（如圖 4－14 所示）。

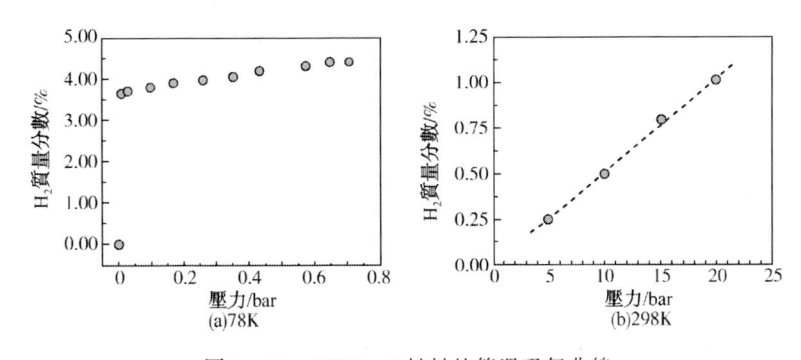

(a) 78K　　　　　　(b) 298K

圖 4－14　MOF－5 材料的等溫吸氫曲線

　　2014 年 Jihoon Kim 等人為了提高 MOF－5 的水穩定性及儲氫能力採用在 MOFs 材料中負載 Pt 奈米粒子和多孔碳，成功地製備出活性炭與 MOF－5 的複合材料。複合材料 Pt/CB－MOF－5 的水穩定性及儲氫能力都有所提高。2011 年

Juan A等人在MOF-74材料上負載Co離子製備出Co-MOF-74。實驗結果證明隨著Co負載量的增加，材料對氫氣、CH_4、CO_2的吸附性能都顯著提升，而且Co-MOF-74與氫氣的間隙能量降低致使分子篩與H_2的吸附熱降低，而Co-MOF-74與氫氣的間隙能量以及吸附熱與金屬組成Co/Zn呈現一定的相關性。並且發現在MOFs材料中裸露的活性金屬位點在吸附過程中起促進作用。Yaghi課題組進一步研究發現MOFs材料在77K下的儲氫能力與材料的比表面積呈現出線性關係（如圖4-15所示），證明MOFs材料的吸附儲氫能力可通過提高材料的比表面積來進一步改善。調控MOFs材料的比表面積及孔體積有望提高其儲氫量。Oh等人採用配體交換策略合成MOFs材料，發現用較長的配體取代短的配體後，材料比表面積可從$984m^2/g$提高到$3154m^2/g$，而且在77K、20bar的條件下，材料儲氫量可以從1.8%（質量）增加到4.3%（質量）。在目前所開發出的MOFs材料中，MOF-210由於接近極限的多孔結構，比表面積高達$6240m^2/g$，因此MOF-210同時保持著最高的氫氣吸附量的報導值，其在低溫、高壓下的儲氫量分別達9.95%（質量）和8.6%（質量）。但是儲氫量較高的MOFs同時也存在原料成本昂貴、合成工藝複雜等缺點，限制了其廣泛的應用。

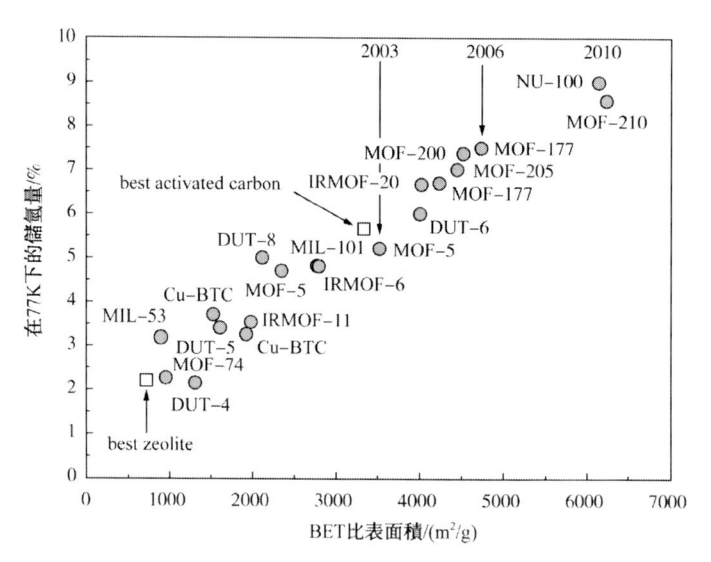

圖4-15 各種MOFs材料在77K下儲氫量與其比表面積的關係圖

MOFs材料的吸氫能力不僅取決於比表面積，還跟孔徑大小密切相關。研究發現，由MOFs材料結構中大孔籠形成的大的空間往往不利於儲氫。一般來說，小孔隙由於孔壁兩側勢場重疊，與氫的相互作用更強，對氫的親和力更大，吸氫能力也更強。在小孔中存在著與氫分子結合較強的吸附位，從而增強了H_2與孔

道的作用力，提高了氫的吸附熱。但是，若孔徑過小，材料的孔容積下降，氫的絕對吸附量也會隨之下降；若孔徑過大，則氫分子與壁面的作用勢減小，不利於氫分子的儲存。經過理論計算，理想的MOFs材料的孔徑分布為0.6～0.7nm，該尺寸下氫分子與壁面的相互作用較強，使儲氫量達到最大。這是因為，2～3倍的氫分子直徑孔道，可在一側吸附飽和後，另一側在較強的壁面相互作用影響下繼續進行吸附，甚至在孔內的空隙處也會出現第三層吸附。這種調控手段可以有效提高MOFs材料在77K、1bar下的儲氫量。Yuan等人比較了不同孔徑的PCN系列MOFs材料在H_2下的吸附行為，發現77K、1bar條件下孔徑最小的PCN-61材料具有最高的儲氫量[2.25%（質量）]和吸附熱。此外，MOFs材料有機配體的結構也能影響其儲氫性能，但是這種方法對配體進行化學設計與合成的過程比較煩瑣。

　　Tyler等人在室溫、50MPa條件下，考察了氫在多種MOFs材料、微孔材料上的吸附行為，發現具有最大比表面積的MOF-177的吸附量卻小於其他多孔材料，這是因為MOF-177的孔徑分布主要集中在1～2.5nm，導致其吸附熱過小，常溫下吸附儲氫的能力弱。此外，通過對比其他MOFs材料的吸附行為後，Tyler認為增強MOFs材料與氫分子的結合能力是必要的。通過在MOFs材料中引入不飽和配位金屬位點、有機配體引入表面官能團、氫溢流以及鹼金屬摻雜等技術手段，可以有效提升氫在室溫下與MOFs材料本體的結合能力，但是這種方法需要對配體進行化學設計，修改或設計MOFs材料中的有機配體的表面官能團，以增加它們與H_2相互作用的強度，但合成過程比較煩瑣。

　　經過上述方式修飾或者調整後的MOFs材料儲氫量得到一定提升，但是依然無法滿足室溫下的應用條件。還需要引入介於化學吸附與物理吸附的中間狀態，即前述的Kubas作用，比較典型的是氫溢流效應。氫溢流作用是指氫分子在金屬活性中心經催化作用解離為氫原子，隨後氫原子擴散到次級受體上達到還原和儲氫的目的。氫溢流現象常見於催化領域，在氫催化方面應用是通過氫分子在金屬奈米粒子上分解為氫原子然後過渡到吸附劑載體上。通過在高比表面積材料上負載對氫分子具有催化作用的金屬粒子作為活性中心，由於氫溢流現象提高材料的儲氫能力。

　　在MOFs材料中構築氫溢流的主要方法是在解離金屬與MOFs材料之間建立碳橋，比如在MOFs材料合成時加入Pt/C基質，或者直接將解離金屬（如Pt、Pd、Ni等前驅體）負載在MOFs材料上。Yang等人首次利用氫溢流效應來改善MOFs材料在室溫下的儲氫性能，他們通過物理研磨的方法向多孔羧酸類MOFs

材料中加入了活性炭,將其作為碳橋和一次溢流受體,MOFs材料作為二次受體實現了氫溢流,結果顯示MOFs材料的室溫可逆吸/放氫水準得到了顯著提高,在298K、10MPa氫壓的條件下,複合材料的儲氫量達到4.0%。張軍等人用氧化石墨烯(GO)替換活性炭作為一次溢流受體,從而減少對於MOFs結晶性能的影響,通過先負載Pt在GO材料上,再與MOFs材料合成為複合材料。少量GO的摻雜對MOFs材料晶體的影響較小,Pt粒子在載體表面分散均勻,結果顯示氫溢流明顯提升了複合材料的儲氫量。

金屬有機骨架作為新型的多孔晶體材料,因其超高的比表面積、超高的孔隙率以及可調變的拓撲結構使其在氣體吸附與分離、催化、藥物傳送、感測等方面具有很大的應用前景,有希望取代傳統多孔材料。但是,以MOFs材料作為儲氫材料受到諸多方面的限制,雖然MOFs材料具有孔結構可調節、拓撲結構穿插以及化學修飾功能性強等特點,但在室溫條件下,該類材料尚未得到令人滿意的儲氫量。

4.3.3 儲氫合金材料

金屬基材料是發現最早、研究較多,而且發展較快的一類儲氫材料。實際上,氫幾乎可以與元素週期表中的各種元素反應,生成各種氫化物或含氫化合物。如氫與電負性低的、化學活性大的ⅠA、ⅡA族等元素反應生成的LiH、NaH、CaH$_2$等鹽類氫化物,與很多過渡金屬生成的間隙性化合物等。大部分鹽型氫化物和金屬型氫化物都可以採用直接氫化法來製取,即在一定溫度條件下與氫直接反應,生成氫化物,其反應通式如下:

$$M + n/2 H_2 \longrightarrow MH_n \qquad (4-1)$$

常溫、常壓條件下,金屬與氫一般不發生反應。因為金屬表面往往有一層氧化物膜,妨礙了氫在金屬表面的吸附。但是,如果在氫氣氛下或在真空下加熱至一定溫度進行活化後,部分金屬材料在室溫下也可吸氫。此外,如果在金屬與氫反應之前,用氫氟酸等腐蝕劑腐蝕後,也易於同氫產生反應,此過程稱為活化過程。如果單純在氫氣氛中或在真空下活化,需要一段時間的孕育期。如果採用腐蝕劑處理後,表面變得光亮新鮮,立即進行氫化時,基本無須孕育期,吸氫反應可以很快發生。金屬一旦開始吸氫,其反應便迅速進行,直至金屬中氫含量達到飽和為止。金屬吸氫後會變得很脆,緻密金屬也會碎裂成片狀,甚至粉狀。金屬與氫反應的脆化性質,也可以用來製備高純金屬粉。

第4章 氫能的儲存技術

但並不是所有金屬氫化物都能做儲氫合金材料，只有那些在溫和條件下大量可逆地吸收和釋放氫的金屬或含金氫化物才能做儲氫合金材料。常見的儲氫合金材料是由兩種元素組成的：一種元素是金屬元素 A，易與氫氣發生化學反應並生成穩定氫化物；另一種元素是金屬元素 B，與氫氣的親和力相對較小、通常情形下不形成氫化物。元素 A 通常包括如 Zr、Ti、Ca 和稀土元素等金屬元素，其主要作用為控制儲氫量；元素 B 通常包括 Mn、Ni、Al 等金屬元素，這類元素在控制吸/放氫可逆性的同時還可以調節分解壓和生成熱。將元素 A、B 按照合適的化學計量比配製，在一定條件下可得到吸/放氫過程高度可逆的儲氫合金。

對於 A 側元素而言，當氫氣與過渡金屬，如ⅢB、ⅣB、ⅤB 族的金屬，反應生成金屬氫化物時，氫的特性介於 H^- 和 H^+ 之間，此時這些不同離子類型的氫會形成氫原子並進入具有間隙性結構的化合物的母體金屬晶格內。該金屬在反應時吸氫並放出大量的熱($\Delta H < 0$)，稱為放熱型金屬。

在 B 側元素方面，氫在與ⅥB、ⅧB 族過渡金屬發生化學反應時，常以氫離子的形式形成固溶體。氫原子也進入基體金屬晶格中生成間隙型化合物。由於氫溶於該族金屬時為吸熱反應($\Delta H > 0$)，因此稱為吸熱型金屬。

在一定的溫度和壓力條件下，金屬、合金和金屬間化合物與氣態氫氣發生可逆反應生成儲氫合金。儲氫合金的吸氫反應機理如圖 4-16 所示。

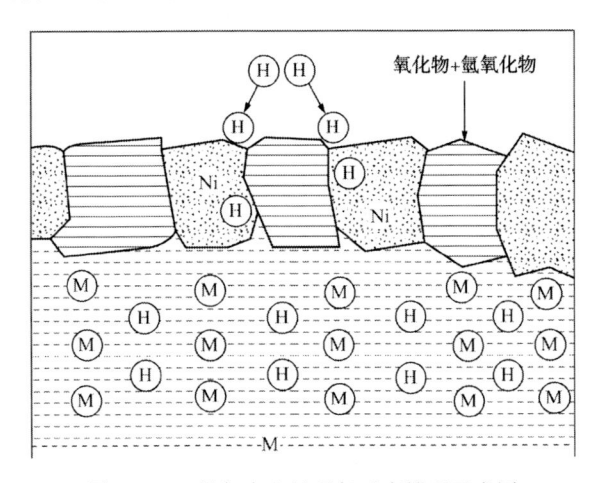

圖 4-16　儲氫合金的吸氫反應機理示意圖

反應共分三步進行。

① 金屬材料開始吸收少量氫氣後，形成合金固溶體(α 相)，合金結構保持不變，其中氫的固溶度[H]與固溶體平衡氫壓的平方根成正比。

② 合金固溶體進一步與氫反應，產生相變，生成氫化物相(β 相)。

③ 繼續提高氫壓，固溶體中的氫含量略有增加。這個反應是一個可逆反應，吸氫時放熱，吸熱時放出氫氣。不論是吸氫反應，還是放氫反應，都與系統溫度、壓力及合金成分相關。根據 Gibbs 相律，溫度一定時，反應的平衡壓力確定。儲氫合金－氫氣的相平衡圖可由壓力(P)－濃度(C)等溫線，即 PCT 曲線來表示，如圖 4－17 所示。

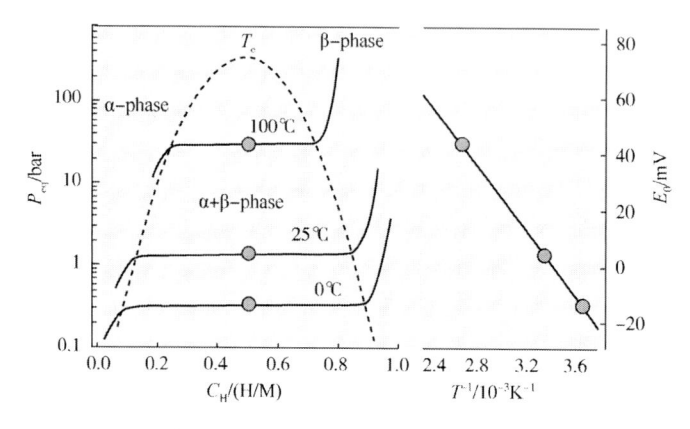

圖 4－17 儲氫合金 PCT 曲線示意圖

PCT 曲線是衡量儲氫材料熱力學性能的重要特性曲線。通過該曲線可以了解金屬氫化物中的含氫量和任一溫度下的分解壓力值。PCT 曲線的平臺壓力、平臺寬度與傾斜度、平臺起始濃度和滯後效應等特性，既是常規表徵儲氫合金吸放氫性能的主要指標，也是探索新型儲氫合金的重要依據。同時也可以利用 PCT 曲線求出體系的熱力學性能參數，如反應焓、熵值等。

根據化學平衡和熱力學關係，可以得出溫度與平衡分壓的關係式：
根據

$$\Delta G = \Delta H - T\Delta S \quad (4-2)$$

$$\Delta G = -RT\ln K_P = RT\ln(P/P_0) \quad (4-3)$$

推導出 Van't Holf 方程式

$$\ln(P/P_0) = \Delta H/RT + \Delta S/R \quad (4-4)$$

式中，ΔG 和 K_p 分別表示氫化反應的標準 Gibbs 自由能變化值和平衡常數；R 為氣體常數；T 為熱力學溫度。

儲氫合金反應生成氫化物的反應焓值(ΔH)和反應熵值(ΔS)等熱力學資料，不但有理論意義，而且對新型儲氫材料的研究、開發和利用，也有重要的實際意義。反應熵表示形成氫化物反應進行的趨勢，在同類合金中若該數值越大，則其平衡分解壓越低，生成的氫化物則越穩定。而反應焓是合金形成氫化物的生成

熱，數值的負值越大，顯示氫化物越穩定。反應焓值的大小，對探索不同使用目的的金屬氫化物具有重要的意義。例如，當金屬氫化物用作儲氫材料時，從能源使用效率的角度看，生成焓值應該小一些，而用作蓄熱材料時，生成焓值又傾向於大一些。

常見的儲氫合金的熱力學性質如表4－4所示。

表4－4 常見的儲氫合金的熱力學性質

儲氫合金	吸氫量/%	分解壓/MPa	ΔH/[kJ/mol(H_2)]	ΔS/[J/mol(H_2)·K]
$LaNi_5H_6$	1.4	0.41(50℃)	−30.1	−105.1
$LaNi_{1.7}Al_{0.3}H_{5.9}$	1.3	0.20(50℃)	−30.1	−105.1
$TiFeH_{1.0}$	1.8	1.01(50℃)	−23.0	−90.4
$TiFe_{0.8}Mn_{0.2}H_{2.0}$	1.9	0.88(80℃)		
$TiFe_{0.8}Be_{0.2}H_{1.3}$	1.4	0.25(50℃)	−30.6	−102.1
$TiCoH_{1.1}$	1.3	0.11(130℃)	−57.8	−143.2
$TiCo_{0.5}Fe_{0.5}H_{1.2}$	1.1	0.11(70℃)	−42.3	−123.1
$TiMn_{1.5}H_{2.5}$	1.8	0.507(20℃)	−28.5	−110.5
$TiCr_{1.8}H_{3.6}$	2.4	0.21(−78℃)		
$Ti_{0.75}Al_{0.25}H_{1.5}$	3.4	0.11(−95℃)	−47.3	−273.3
$ZrMn_2H_{3.5}$	1.7	0.11(210℃)	−38.9	−80.8
$VH_{7.0}$	3.8	0.81(50℃)	−40.2	−14.9
$Ti_{0.2}V_{0.8}H_{1.6}$	3.1	0.31(100℃)	−49.4	−141.5
$MmNi_5H_{6.3}$	1.4	3.44(50℃)	−26.4	−110.9
$MmCo_5H_{3.0}$	0.7	0.31(50℃)	−40.2	−133.5
MgH_2	7.6	0.11(290℃)	−74.5	−132.1
$Mg_2NiH_{4.0}$	3.6	0.11(250℃)	−64.5	−123.1
$MgCaH_{3.7}$	5.5	0.51(350℃)	−72.8	−130.2
$CaNi_5H_{4.0}$	1.2	0.04(30℃)	−33.5	−103.0

在儲氫合金體系選擇中也有一些較為重要的原則，當面向實用化使用要求時，往往把氫的釋放條件，即該材料的氫氣分解壓力為0.1MPa時的溫度，或者任一溫度下的平衡分解壓力的高低作為評價儲氫材料的實用化性能。從PCT曲線上可以得出任一溫度下的平衡分解壓力，對於可逆儲氫體系而言，體系在某一溫度T的平衡氫壓力P與對應的反應焓值(ΔH)和熵變(ΔS)的關係可用Van't

Holf方程式[式(4-4)]描述。

對於化學儲氫方式,實驗測得的熵變範圍為90~130J/mol(H_2)·K,因此理想體系在室溫(約25℃)獲得1bar平衡氫壓的脫氫反應焓變為27~39kJ/mol(H_2)。據此,我們就可以通過儲氫合金的熱力學性質對其溫度和平臺壓力等參數進行篩選和優化研究。根據儲氫合金用途的不同,對其性能的要求也不同。評價一種儲氫材料的性能,必須對其進行相應的物理化學測試。這些特性包括:PCT曲線測試、平臺壓特性、滯後性、吸氫量、反應熱、活化特性、膨脹率、反應速度、壽命、微粉碎性、導熱率、合金中毒性、穩定性、成本等多個方面。這些特性基本上都可以歸為化學熱力學和動力學範疇。

4.3.4 金屬絡合物

1997年,Bogdanovic等報導了Ti(OBu^n)$_4$摻雜的NaAlH$_4$材料可在適中條件下(100~200℃、150bar氫壓)獲得約4%的可逆吸/放氫容量。從此,金屬絡合物作為儲氫材料進入了研究人員的視野。金屬絡合物是一種新型的材料,它是由金屬和非金屬元素組成的複合材料,可用於化學吸附儲氫的金屬絡合物主要有輕金屬鋁氫化物、輕金屬硼氫化物、輕金屬氮氫化物等。

NaAlH$_4$體系是目前研究最多也是最接近實用目標的輕金屬鋁氫化物儲氫材料,前述研究發現鈦單質、化合物以及部分其他過渡金屬,如Zr、V、Ce等也具有顯著的催化作用,並且將不同催化劑搭配使用還可獲得進一步的增強效果,如奈米Ti凝膠摻雜的NaAlH$_4$具有最好的吸/放氫動力學性能,在100℃、100bar氫壓的條件下15min可吸附5%的氫氣,隨後在180℃、1bar的氫壓條件下30min內即可放出,不過它的循環穩定性較差,而且奈米Ti凝膠的製備過程較為複雜。長週期的循環測試研究發現,摻Ti的NaAlH$_4$體系經100次循環後(150℃吸氫、160℃放氫),容量由4%逐漸衰減至3.5%。循環後的樣品經XRD檢測存在少量未知雜相,可能與容量衰減有關。值得注意的是,Ti摻雜的NaAlH$_4$體系在當時成功實現了固態物質催化固相反應,由此激發了大量後續基礎研究工作的開展以試圖揭示其催化機理。NaAlH$_4$脫氫是一個多步反應,並在反應過程中伴隨相變。其中,NaAlH$_4$首先在165~205℃熔化;其次,經過一個吸熱反應放出3.7%的H$_2$並轉變為Na$_3$AlH$_6$[反應式(4-5)];再次,Na$_3$AlH$_6$在250~300℃經過一個吸熱反應生成金屬Al、氫化鈉和釋放出1.8%的氫氣[反應式(4-6)];最後NaH在高於450℃的情況下分解釋放出氫氣[反應式(4-

7)]。

$$3NaAlH_4 \longleftrightarrow Na_3AlH_6 + 2Al + 3H_2 \qquad (4-5)$$

$$Na_3AlH_6 \longleftrightarrow 3NaH + Al + 1.5H_2 \qquad (4-6)$$

$$3NaH \longleftrightarrow 3Na + 1.5H_2 \qquad (4-7)$$

反應式(4-5)和反應式(4-6)的脫氫焓值分別為 37.0kJ/mol(H_2)和 47.0kJ/mol(H_2)，所以 Na_3AlH_6-2Al 和 $3NaH-Al$ 能夠氫化獲得 $NaAlH_4$。因此，$NaAlH_4$ 脫氫中第一步和第二步反應所釋放 5.5%的 H_2 可循環利用。雖然該材料具有較高的理論儲氫量(5.6%)，但由於其第二步分解反應產生 1bar 氫壓需要 110℃，因此該體系可用於車載燃料電池的有效氫容量只有 3.7%。基於 Ti 基催化劑改性的 $NaAlH_4$ 的儲氫系統在 150℃時儲氫密度約為 2%，仍遠低於美國 DOE 設定的移動運載儲氫目標。

其他輕金屬鋁氫化物，如 $LiAlH_4$、$Mg(AlH_4)_2$ 等具有更高的儲氫容量，但它們多存在熱力學不可逆或放氫動力學阻力過大的問題，限制了它們在儲氫領域的應用。

金屬硼氫化合物具有很高的氫容量，如 $LiBH_4$、$NaBH_4$、$Mg(BH_4)_2$、$Ca(BH_4)_2$ 的含氫量分別高達 18.5%、10.6%、14.9%、11.6%，但完全放氫通常需要 500℃以上的高溫，且放氫過程複雜，通常伴有硼烷等雜質氣體產生。從熱力學上計算，上述材料放氫後產物氫化過程較易發生，但實際發現它們的放氫產物的吸氫過程非常困難，通常需要 500℃和數百個大氣壓的氫壓。向材料中摻雜過渡金屬可促進放氫反應，但對吸氫過程的改善效果有限。Nakamori 等人對比研究了各種金屬硼氫化合物的熱穩定性質，總結出金屬硼氫化合物的熱力學穩定性隨中心金屬原子 M 的電負性(χ_P)增加而減弱，並發現當 $\chi_P<1.5$ 時，放氫氣體產物主要為氫氣，而當 $\chi_P>1.5$ 時，氣體產物包含氫氣和硼烷，改變陽離子的電負性可調節金屬硼氫化物的熱穩定性。此外，引入第二相反應物也可有效改變反應體系的熱力學性質，如 $LiBH_4$ 與 MgH_2 複合後，加熱分解可獲得更加穩定的 MgB_2 放氫產物，從而有效地將體系的放氫反應焓變從 67kJ/mol(H_2)降低至 42kJ/mol(H_2)，並顯著改善體系的循環吸氫性能。

基於上述熱力學調變原理，研究人員對複合硼氫化物和其他的金屬氫化物或是金屬鹽調變儲氫性能，相繼開發出多種性能改進的複合儲氫體系，如 $6LiBH_4-CaH_2$、$2LiBH_4-MgF_2$、$Ca(BH_4)_2-MgF_2$ 等，改性後的複合體系比未修飾的硼氫體系的儲氫性能有大幅度的提高。金屬硼氫化物的吸脫氫條件與車載儲氫材料的指標還相差甚遠，但金屬硼氫化物是目前開發出來的具有最高可逆

儲氫容量的一類材料，因此可調變空間巨大。金屬硼氫化物因其較高的氫含量，除了可用於熱化學可逆吸脫氫反應，也在水解製氫反應領域具有較大應用前景，相關內容在第6章詳細展開介紹。

金屬胺基化合物在1910年由Dafter等人首次報導，他們採用氮化鋰(Li_3N)與H_2反應生成Li_3NH_4，但彼時的金屬胺基化合物主要用於有機合成，從未被當作儲氫材料考慮，這是因為它們在加熱過程中會釋放大量的NH_3。直到2002年，Chen等人發現Li_3N具有高達10.4%(質量)的可逆儲氫容量。

Li_3N吸脫氫是一個兩步反應(如圖4-18所示)，反應過程如式(4-8)所示。Li_3N吸收1分子H_2後轉變為亞胺基鋰(Li_2NH)和氫化鋰(LiH)，接著Li_2NH繼續吸氫變成胺基鋰($LiNH_2$)和LiH。$LiNH_2-2LiH$體系的提出，不僅滿足DOE的質量和體積儲氫密度要求，同時還引領了金屬氮化合物、金屬亞胺基化合物和金屬胺基化合物作為儲氫材料的設想，開闢了一個全新的儲氫領域：金屬胺基化合物-金屬氫化物儲氫體系。

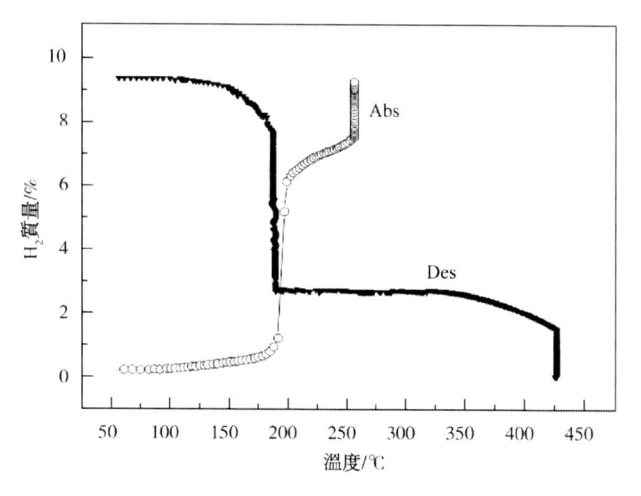

圖4-18 Li_3N樣品吸脫氫過程中質量變化曲線

$$Li_3N+2H_2 \Longleftrightarrow Li_2NH+LiH+H_2 \Longleftrightarrow LiNH_2+2LiH \quad (4-8)$$

使用不同金屬氫化物和金屬胺基化合物分別替代LiH和$LiNH_2$可演變出一系列不同的儲氫體系，如$LiNH_2-CaH_2$、$Mg(NH_2)_2-LiH$、$Mg(NH_2)_2-NaH$、$Mg(NH_2)_2-MgH_2$、$Mg(NH_2)_2-CaH_2$、$LiNH_2-LiAlH_4$、$LiNH_2-LiBH_4$等。其中很多體系已被實驗證明具有可逆儲氫性能，而其中最引人注目的是$Mg(NH_2)_2-LiH$體系。$Mg(NH_2)_2-2LiH$體系具有5.6%的儲氫容量，循環吸/放氫性能好，其放氫反應焓變為$39kJ/mol(H_2)$。由熱力學推算該體系在

80℃左右可獲得 1bar 的平衡氫壓，與車載燃料電池的工作溫度相吻合。但是大量研究結果顯示，該材料通常需要 200℃ 以上才能獲得適中的吸/放氫速率，顯示其存在較嚴重的動力學阻力。吸/放氫循環測試顯示，270 個循環後的容量保持率為 75%，其中由放氨造成的容量損失大約為 7%。增大體系中 LiH 的比例可提高體系的儲氫容量，如 $Mg(NH_2)_2-4LiH$ 體系的可逆儲氫量高達 9.1%，同時顯著降低放氫中的氨氣濃度，但放氫結束溫度也隨之明顯往高溫移動。總體而言，金屬氮氫化合物儲氫材料很有發展潛力，但其應用還需大幅提高吸/放氫動力學性能、抑制副產物氨氣產生和改善循環穩定性等。

NH_3BH_3 簡稱 AB，是 1955 年由科學家 Shore 等製備出來的一種白色結晶固體。AB 具有高達 19.6% 的儲氫容量，且在常溫常壓下穩定而受到研究者們的青睞。儘管 AB 具有高達 190g/kg 的質量儲氫密度和 100～140g/L 的體積儲氫密度，但當 AB 中所有的氫氣(3 當量的 H_2)全部釋放出來時，就會形成氮化硼，從而導致 AB 無法再生。所以一般只釋放其中 2/3 的氫(13.1%)。

AB 完全分解溫度高且副產物(氨氣、硼烷、硼唑等)多，目前大部分的工作集中在改善 AB 的分解動力學、降低其起始分解溫度、提高其產物的純度以及 AB 的再生上。如將 AB 溶於水、有機液體或離子液體中，然後加入各種不同形式的催化劑(過渡金屬奈米顆粒或金屬有機化合物或路易斯酸)來催化 AB 脫氫。此外，對 AB 進行奈米限域也是較多採用的改性方法，即將 AB 注入奈米骨架材料中(如 SBA-15、奈米碳管等)。奈米限域後 AB 的熱力學和動力學性能都得到明顯改善，還可有效降低或是抑制揮發性副產物的生成。用鹼金屬或是鹼土金屬取代 AB 中的 H^+ 將會生成一類新的化合物——金屬氨硼烷(MAB)。相比氨硼烷，金屬氨硼烷具有更優異的熱力學和動力學性能，同時還能保持很高的儲氫容量。如 LiAB、NaAB 可在 90℃ 附近快速分別釋放約 10.9% 和 7.5% 的氫氣，同時副產物氨氣和硼烷的量也得到了明顯抑制。金屬氨硼烷中的正負氫量不匹配，它們還可以吸附氨氣或是肼之類帶正氫的物質，形成金屬胺基硼烷或金屬肼硼烷。新形成的胺基硼烷或肼硼烷的性質與 MAB 相似，具有非常高的儲氫容量，但其脫氫過程中也存在較大的動力學阻力。摻雜過渡金屬催化劑，如 Pd、Pt、Ni、Co 等金屬或其化合物可有效提高脫氫反應動力學性能和抑制揮發性副產物，因此它們也顯示出較好的應用潛力。

4.3.5 液態有機儲氫材料

液態有機儲氫材料(LOHCs)是一種具有可逆加氫/脫氫性能的液態儲氫材

料，近年來因其低溫可逆性和無 CO_2 排放而成為氫儲能領域的研究焦點之一。有機液態儲氫材料中氫氣的安全、高效儲存與釋放是基於化合物中不飽和鍵的可逆催化加氫和脫氫反應來實現。傳統的液態有機儲氫材料主要是指具有芳香性的苯－環己烷、甲苯－甲基環己烷、萘－十氫萘、二苄基甲苯－全氫化二苄基甲苯等體系。此類傳統液態有機儲氫分子可通過改變取代基數目、橋連方式等改變有機化合物性質。一些新型液態有機儲氫材料主要是指含雜原子（O、N、S）的稠環芳香分子，其中 N－雜環體系如喹啉及其衍生物、吲哚及其衍生物、咔唑及其衍生物等是研究最多的新型液態有機儲氫材料。

液態有機儲氫材料之所以受到關注，主要是由於富氫的 LOHCs 化合物（Hn－LOHCs）可以實現常壓條件下長時間儲存氫氣且不會造成能量損失。從反應的可逆性和儲氫量等角度來看，苯、甲苯和萘是比較理想的液態有機儲氫材料。表 4－5 列出了環己烷、甲基環己烷和十氫萘的物理化學性質及儲氫密度。由三種材料的熔點和沸點可知，在常溫 20～40℃ 時環己烷為液態，便於儲存與運輸。因此，富氫的 LOHCs 化合物與柴油或汽油等原油衍生品具有類似的特性，可以利用現有的液體燃料運輸物流網路進行長距離運輸。因此，以現有的基礎設施向「氫能經濟」過渡是十分可行的，LOHCs 由於其較低的汽化損失和基礎設施改造成本，可以利用船舶進行長距離運輸從而降低運輸成本。

表 4－5　環己烷、甲基環己烷和十氫萘的物理化學性質及儲氫密度

特性	環己烷	甲基環己烷	十氫萘
熔點/℃	6.5	－126.6	－30.4
沸點/℃	80.74	100.9	185.5
密度/(g/mL)	0.779	0.77	0.896
理論質量儲氫密度/%	7.2	6.2	7.3
脫氫產物	苯	甲苯	萘

如前所述，目前研究較多的液態有機儲氫材料主要為環己烷、甲基環己烷、十氫萘等，這是由於這幾種芳香族化合物的溶、沸點較為合適，原料屬大宗化學品、易製取，儲氫容量大、轉化率較高。Lazaro 等人研究發現甲苯（TOL）和其完全加氫產物甲基環己烷（MCH）儲氫體系具有低毒性、無平行反應、低成本、相對較高的沸點，能在較低溫度下進行脫氫反應及在循環加脫氫過程中儲氫介質的蒸發損失率較小等優點。但甲苯/甲基環己烷儲氫體系也具有以下缺點：①較高的反應溫度導致脫氫反應中可以觀察到斷鏈而生成副產物和積炭的現象；②反應過程中由於所有組分的沸點較低，因此反應物和生成物均為氣態，後續還需要

第4章　氫能的儲存技術

大量的冷凝和提純步驟才能分離氫氣和儲氫物；③反應組分的閃點低於脫氫溫度，存在安全隱患。儘管甲苯/甲基環己烷儲氫體系存在一些不足，但其商業化儲運模式仍受到較多關注。日本千代田株式會社（Chiyoda Corporation）在利用化學品運輸船長距離海上運輸甲基環己烷（MCH）方面取得了里程碑式的突破，基於 MCH 的氫儲存與運輸原理如圖 4－19 所示。該示範應用代表著利用甲苯/甲基環己烷儲氫體系開發長期儲存和運輸氫的模式是可行的，這對液態儲氫材料的規模化應用具有積極的推動作用。

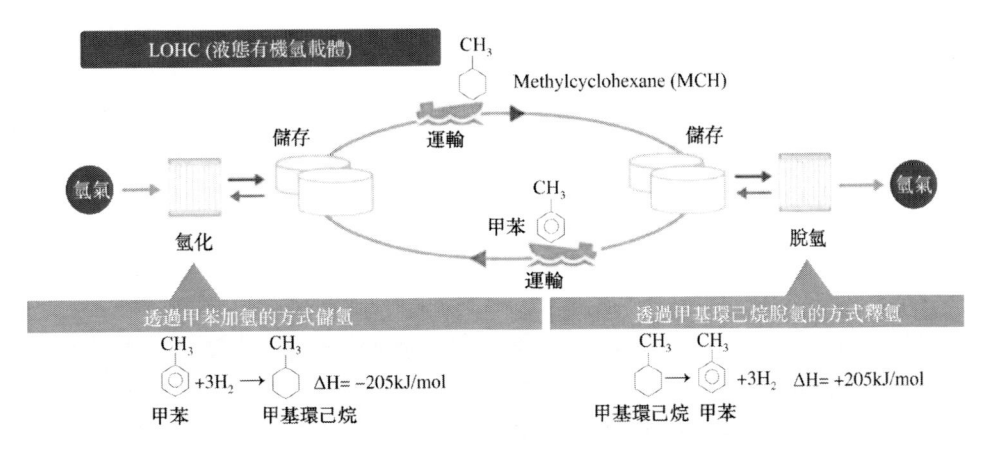

圖 4－19　基於 MCH 的氫儲存與運輸原理示意圖

除了甲苯/甲基環己烷體系，Hodoshima 等人報導了在過熱的液膜反應條件下四氫化萘的反應速率是十氫化萘的 4～5 倍，因此四氫化萘也是一種具有發展可能的有機液態儲氫介質。萘的熔點為 80℃，在室溫下為固體，但其與苄基甲苯和二苄基甲苯或二苄基甲苯的同分異構體以一定的比例混合時，可使得其混合物在室溫下為固體。其混合物的熔點可低至 －34℃，沸點可高達 390℃，具備很好的熱穩定性而解決了甲苯/甲基環己烷儲氫體系後續難分離的問題。但是，由於十二氫二苄基甲苯脫氫生成二苄基甲苯需要高達 －65kJ/mol（H_2）的反應熱，所以目前研究報導的十二氫二苄基甲苯脫氫反應的溫度均高於 250℃，那麼其作為儲氫材料就需要穩定的催化劑來降低脫氫反應所需的溫度和避免高溫導致的催化劑的結焦現象。

由於液態有機儲氫體系的複雜性，催化劑在其吸/脫氫過程中的選擇性和催化活性尤為重要。傳統液態有機氫化物脫氫的催化劑基本分為單金屬催化劑和雙金屬催化劑兩類。單金屬催化劑研究最多的有 Ni、Pt、Pd、Ir、Au 等，其中貴金屬催化劑的活性普遍較高，非貴金屬雖然也能達到相近的催化活性，但是所需

的反應溫度更高。日本大阪大學 Pham 課題組比較了 Pd 和 Pt 單金屬負載催化劑在環己烷、甲基環己烷體系的催化脫氫活性，發現 Pt 基催化劑脫氫活性遠高於 Pd 基催化劑。美國 Cromwell 等人比較了貴金屬 Ir、Pt、Pd 和非貴金屬 Ni 的單金屬負載分子篩 USY 催化劑在甲基環己烷體系的脫氫性能，結果顯示，在溫度 250℃、壓力 30bar、質量空速 92.4h^{-1} 條件下反應活性大小順序為 Ir＞Pt＞Pd＞Ni。美國塔夫茲大學 Goergen 等人研究了 Au 負載 Fe$_3$O$_4$ 奈米線催化劑對環己烷氧化脫氫反應的催化性能，結果顯示，Fe$_3$O$_4$ 晶型對催化活性影響較大，但催化劑需要在 400℃ 下才具有較高的活性。美國得州農工大學的 Froment 等人研究了 Pt(111)晶面對於環己烷的脫氫現象，發現環己烷脫氫和苯加氫反應可同時進行。非貴金屬如 NiO/γ－Al$_2$O$_3$、MoC、WC 以及雙金屬 Ni－Cu 催化劑也有被研究，但是其脫氫所需溫度過高，低溫下催化活性不如貴金屬。浙江大學徐國華和安越課題組報導 Raney－Ni 在 320℃ 下對環己烷有很好的脫氫活性。中國石油大學劉晨光和太原理工大學李晉平課題組分別研究了 Ni$_2$P 和 Mo/C 負載催化劑用於環己烷的脫氫，其催化效果突出。對於雙金屬催化劑，浙江工業大學陳銀飛教授報導 Ni－Cu/SiO$_2$ 用於環己烷脫氫，350℃ 下可以得到 95％ 的環己烷轉化率和 100％ 的苯選擇性。但是環烷烴脫氫所需溫度均在 300℃ 以上。

　　鑑於此，現在的鉑基催化劑以及脫氫過程無法解決傳統液態有機氫化物脫氫溫度高、供氫成本高的問題，制約其大規模應用和發展，因此新型的脫氫焓值較低的液態有機儲氫體系被陸續開發出來，以實現低溫脫氫的目標。2007 年 Cooper 等人提出環己烷中 N 的含量與環己烷脫氫的溫度存在一定的關係，N 取代的五元環與六元環相比，脫氫溫度顯著降低，說明 N 原子結合到環狀化合物或被取代到環狀化合物中是使得其脫氫溫度顯著降低的主要原因。2008 年 Pez 等人提出不飽和芳香雜環有機化合物（如咔唑、吲哚）作為儲氫介質，這類化合物質量和體積儲氫密度較高（5.8％），已達到車載儲氫要求，而且分子中的雜原子可以有效地降低加氫和脫氫反應溫度。這是由於分子中引入 N 元素後，可以降低氫化合物的標準生成焓，並且與 N 相鄰的 C－H 鍵鍵能要低於環烷烴中的 C－H 鍵鍵能，從而有利於氫的釋放。十二氫乙基咔唑的脫氫反應焓為 50kJ/mol（H$_2$），因此乙基咔唑（NECZ）/十二氫乙基咔唑（12H－NECZ）儲氫體系是最早發現在 200℃ 以下可完全加氫/脫氫的有機液態儲氫體系，且 12H－NECZ 在 150min 內的脫氫量已達到 5.8％，氫氣純度高達 99.9％，並沒有 CO、NH$_3$ 等可能毒化燃料電池電極的氣體產生。但是 NECZ 的熔點為 68℃，在常溫下為固體，為了降低 NECZ 的熔點，Stark 等人將其他氮摻雜的烷基化合物如丙基咔唑、吲哚等與

其混合，可將其混合物的熔點降低至 24℃，從而實現其在常溫下為液態。這些有機液態儲氫物在脫氫過程中也不會產生其他有毒的氣體副產物，不會發生催化劑的結焦現象，十分適合作為液態儲氫介質。

西安交通大學方濤課題組製備了一系列 Pd－M 雙金屬催化劑用於 12H－NECZ 脫氫反應，發現 AgPd/rGO 的脫氫催化活性最好，其可在 180℃下反應 4h 得到 100％的最終脫氫產物 NECZ。此外，Pd/rGO 也可在 180℃下反應 7h 得到 100％的最終脫氫產物 NECZ。中國地質大學程寒松課題組比較了貴金屬 Pd、Pt 和 Ru 催化劑對 12H－NECZ 的催化脫氫性能，發現 Pd 和 Pt 基催化劑的催化活性較好，且兩者均可以得到 100％的最終脫氫產物 NECZ，其中在反應溫度為 180℃下活性最高。此外，在 Pd/Al$_2$O$_3$ 催化劑體系中，其在 160～190℃下即可將 8H－NECZ 完全催化脫氫。浙江大學安越等人對 12H－NECZ 的脫氫性能進行了研究，催化劑選用 Pd/Al$_2$O$_3$，在反應溫度為 220℃時，12H－NECZ 的脫氫轉化率為 89％，且隨著催化劑的增加，轉化率越高，脫氫速率越快，脫氫量越大。

除了催化改性吸脫氫性能，基於熱力學改性的新型金屬有機化合物材料可逆吸放氫策略也取得進展。中國科學院大連化學物理研究所的何騰研究員等人利用金屬修飾氮雜環有機分子（吡咯、咪唑、咔唑等），試圖避免聚合反應的發生。他們提出利用氫化物和上述氮雜環分子中活潑氫反應，生成相應的金屬氮雜環化合物，如圖 4－20(a)所示。理論計算顯示，隨著金屬電負性減弱，金屬供電子性質增強，金屬氮雜環化合物的脫氫焓變降低［如圖 4－20(b)所示］。這與文獻報導的有機環外基團供電子性越強，其脫氫焓變越低的結論是一致的。由於有機物與金屬氫化物反應後一般為放熱反應，因此有機物的金屬化可以穩定有機物。而這種脫氫焓變的降低主要歸因於有機材料金屬化後，雖然可以同時穩定貧氫有機受質和富氫有機受質，但是由於貧氫受質具有芳香性，可以將金屬傳遞來的電子離域到整個共軛環上，而使體系更加穩定，因此降低了脫氫反應的焓變。從圖 4－20(b)中可以看出，金屬咪唑鹽和金屬吡咯鹽脫氫焓值隨著金屬電負性的降低而非常迅速地降低，而金屬咔唑鹽降低的幅度較慢。這主要是因為咪唑和吡咯只有一個有機環，金屬對環中電子密度影響較大。而咔唑有三個有機環，因此平均分散了金屬傳遞來的電子密度。從這三類材料可以看出，金屬咔唑鹽材料脫氫焓變均位於 26～40kJ/mol(H$_2$)，顯示出優異的脫氫熱力學性能。特別是其中的咔唑鈉和咔唑鋰，它們的脫氫焓值分別為 30.0kJ/mol(H$_2$)和 33.7kJ/mol(H$_2$)，正好在最佳的儲氫材料熱力學範圍。同時利用量熱技術發現，咔唑鋰的加氫焓值約為

$-34.2kJ/mol(H_2)$，與計算結果非常吻合。並且兩者的儲氫量分別高達 6.0% 和 6.5%，因此是非常具有前景的儲氫材料。

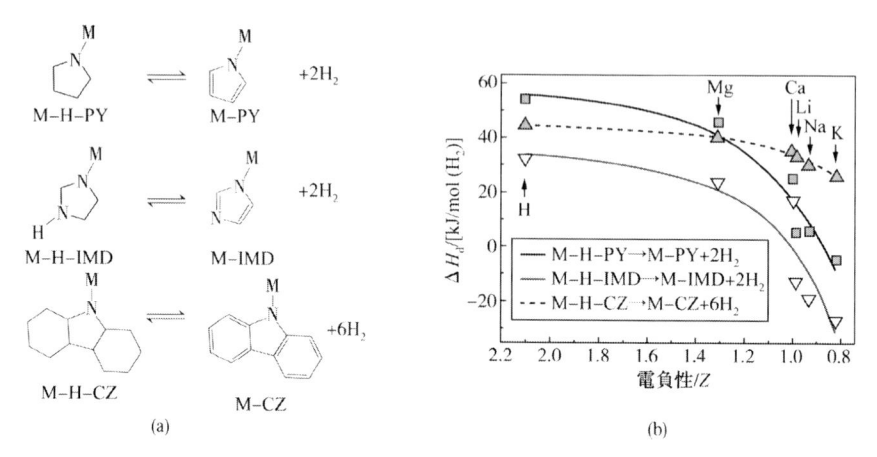

圖 4—20 (a)金屬吡咯鹽、金屬咪唑鹽、金屬咔唑鹽三類材料的合成示意圖；
(b)金屬吡咯鹽、金屬咪唑鹽、金屬咔唑鹽三類材料脫氫焓值與金屬電負性、貧氫產物環中電子密度的關係

在實驗室條件下，研究人員利用氫化鈉同苯胺和環己胺反應，得到了苯胺鈉和環己胺鈉的固體粉末。儲氫性能測試結果顯示，苯胺鈉可以在 $150℃$、$70bar$ 氫壓下完全加氫，產物為環己胺鈉，所用催化劑為自製的 Na 促進的 Ru/TiO_2 催化劑。環己胺鈉可以在 $150℃$ 下完成脫氫，目標產物苯胺鈉選擇性$>80\%$。由於脫氫反應為吸熱過程，因此脫氫過程一直以來都是液態有機儲氫體系較為困難的步驟。因此開發高效脫氫催化劑或雙向催化劑，提高反應的轉化率和選擇性是未來一個重要發展方向。

第5章

氫能的利用技術

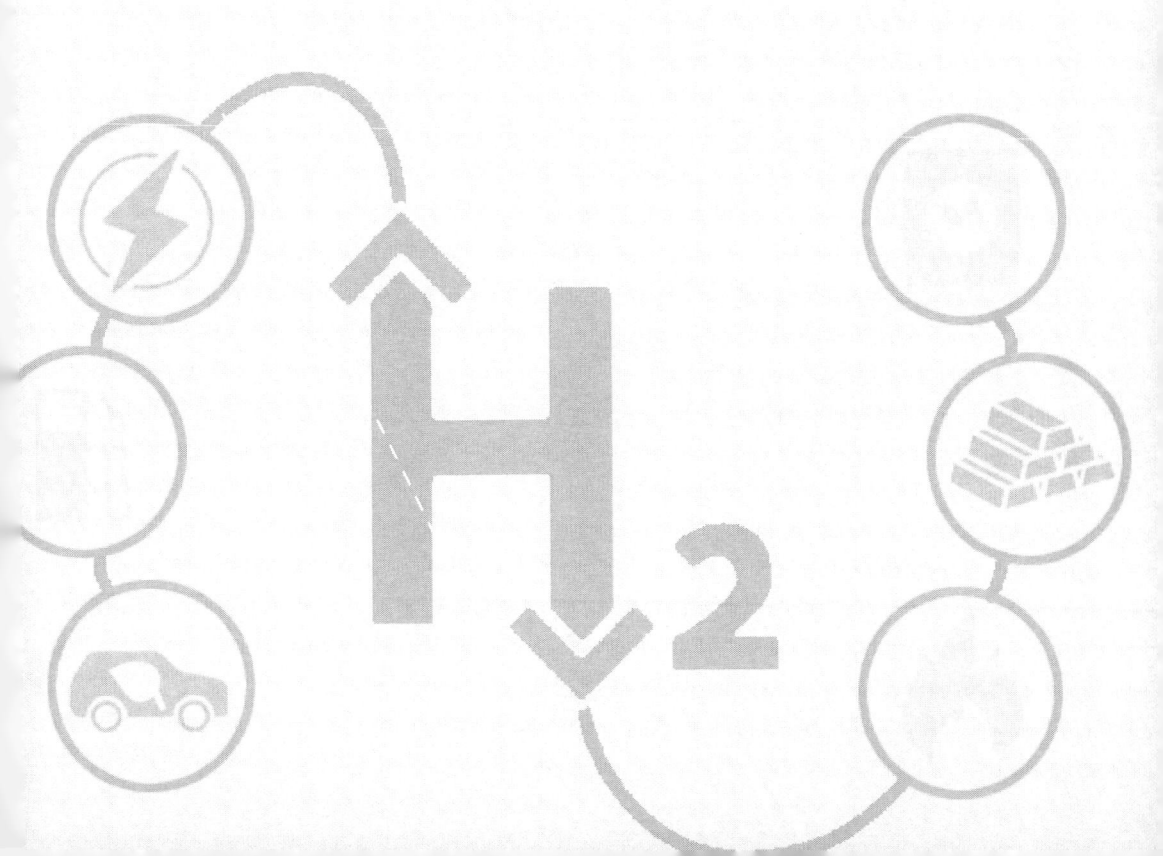

氫的用途很廣泛，適用性也很強。它不僅可以用作燃料，而且金屬氫化物還具有化學能、機械能和熱能相互轉換的功能。近年來氫能的利用已有長足進步，自從液氫引擎研製成功以來被廣泛應用於航空航太領域，同時氫能在工業上有廣泛的應用。隨著技術的進步，氫燃料電池技術被應用於交通領域，利用氫能進行儲能發電和電網調峰也越來越受行業關注。

從能源動力到電力供熱，從煉鋼產業到食品行業，未來隨著碳中和策略的推進，氫氣的使用率必將得到進一步的提升，尤其是在能源行業中，不管是作為化學燃料，還是作為可再生能源的儲能物質。氫氣在能源方面的使用技術已經得到了大量的研究，近年來燃料電池的出現更是加快了氫利用技術的研究進展，本章將對氫能的主要利用技術加以介紹。

5.1　氫燃料電池

氫燃料電池作為一種能量轉化裝置，通過電化學反應，燃料的化學能轉化為電能，同時伴隨著熱量和產物的生成。單體電池作為燃料電池的核心組成部分，主要由正極(氧化劑電極)、負極(燃料電極)以及電解質三部分組成。燃料電池工作時，氧化氣送入正極(陰極)，燃料送入負極(陽極)，從而產生氫氧化反應和氧化反應(兩種反應分別位於電解質隔膜的兩側)，對外提供電能。燃料電池與熱汽輪機不同，工作不經過熱機過程，而是直接通過燃料的化學能產生電能，從根本上擺脫卡諾循環的限制，因此燃料電池的能量轉化效率很高。燃料電池若採用純H_2(或高純度H_2)作為燃料，反應產物僅為H_2O，不會產生SO_x、NO_x等汙染物，是繼水力發電、熱能發電和原子能發電之後的第四種發電技術，具有能量轉換效率高、無噪音、無汙染的優點。

5.1.1　燃料電池的分類及特點

世界各國發展氫能源的過程中都積極研究的問題是如何能合理並且高效地利用氫能。燃料電池的出現有效地解決了這一問題，鑑於其發電效率較高、使用方式靈活且綠色環保等優勢，正逐漸成為國際公認的最具有潛力的應用方式，也是最新一代提供動力和產生電能的能量裝置。

第5章　氫能的利用技術

　　燃料電池是在燃料物質不燃燒的前提下，利用初始電能的驅動使儲存於氫能之中的化學能轉化成為電能以及動力。其基本結構的組成、工作方式和管理都是經過多年的科學驗證所得到的，不同於傳統電池的使用壽命(一般不會太久，能夠長時間使用的傳統電池價格貴)，基本取決於電池內部的活性物質；而燃料電池的存在則有效地解決了這個局面，它是由燃料電池堆、供水系統、供氣系統以及電能變換系統共同組成的能量引擎，只要反應物充足，就能夠不斷地對外供電。通過不燃燒的方法將儲存於氫燃料中的化學能源源不斷地釋放，其發電的效率能夠達到40%～60%，且電化學反應不產生對環境有害的汙染物質。其系統整合如圖5－1所示。

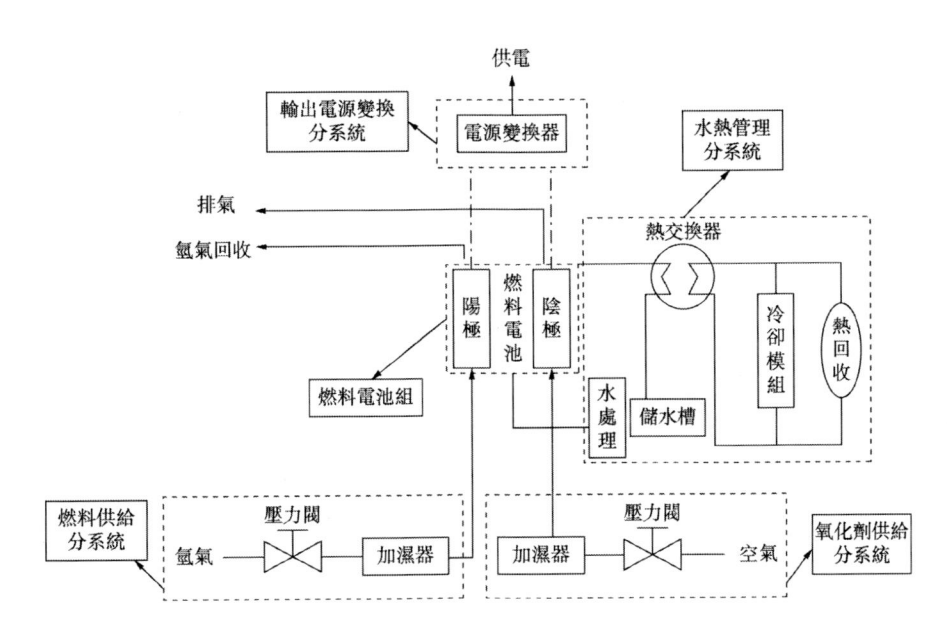

圖5－1　燃料電池系統整合圖

　　早在百年前，人類就已經對燃料電池進行了初步的研究，發展至今日，已經有多種燃料電池問世。燃料電池按照燃料種類可以分為氫燃料電池(RFC)、甲醇燃料電池(DMFC)等；按照電解質類型可以分為鹼性燃料電池(AFC)、質子交換膜燃料電池(PEMFC)、磷酸燃料電池(PAFC)、熔融碳酸鹽燃料電池(MCFC)、固體氧化物燃料電池(SOFC)。不同種類燃料電池的工作特性歸類列於表5－1中。

表5－1　不同種類燃料電池的工作特性

分類	AFC	PAFC	MCFC	SOFC	PEMFC	DMFC
電解質	KOH	H_3PO_4	Li_2CO_3 Na_2CO_3	穩定氧化鋯 $ZrO_2+Y_2O_3$	質子交換膜 （PEM）	質子交換膜 （PEM）
導電離子	OH^-	H^+	CO_3^{2-}	O^{2-}	H^+	H^+
反應環境溫度/℃	55～115	155～210	800	1000～1200	常溫～1000	常溫～130
載體	氫	天然氣	甲醇	天然氣	氫	甲醇
時長/h	15000	20000	30000	6500	4500	800
腐化能力	強	強	強	弱	無	弱

(1) 鹼性燃料電池（AFC）

燃料電池的電解質為鹼性時，燃料的滲透率會更低，電解質的電流密度會更大，電解質通常為氫氧化鉀溶液。AFC通常使用金屬鉑（Pt）作為催化劑。對合金催化劑而言，催化劑的穩定性和反應活性因其載體種類、分散度、負載量等因素的差異而受到不同程度的影響。通過摻雜修飾劑可以較好地提高其催化劑性能。一般地，鹼性燃料電池正負極反應如下：

$$\text{陽極反應:} \quad 2H_2+4OH^- \Longrightarrow 4H_2O+4e^- \tag{5-1}$$

$$\text{陰極反應:} \quad O_2+2H_2O+4e^- \Longrightarrow 4OH^- \tag{5-2}$$

AFC一般工作在80℃環境下具有相對較好的工作性能，具有啟動響應非常迅速的特點，但其能量密度卻只有PEMFC的十幾分之一。AFC電解質為鹼性，故在實際工作中，氧化劑必須使用純氧。若氧化劑採用空氣，實際壽命會因空氣中的CO_2大大降低，故使商業應用成本大幅度增加。AFC目前也只是在軍用領域上得到應用，其他應用領域較為罕見，其商業應用率不高。

(2) 磷酸燃料電池（PAFC）

PAFC電解質和催化劑分別為濃磷酸和鉑，通常工作在200℃左右，屬於中溫燃料電池。PAFC不僅可以採用氫氣為燃料，還可以直接使用天然氣、甲醇等廉價材料，相比於鹼性燃料電池而言，其最大的優點是不需要專門處理CO_2的設備，故反應氣體可以直接使用空氣。PAFC的燃料採用重整氣，將其應用在固定電站等相關領域，具有極大的優勢和潛力。

PAFC的工作原理如圖5－2所示，其反應過程為：改質器中通入燃料氣體，燃料在800℃反應溫度下發生化學反應[$C_xH_y+xH_2O \longrightarrow xCO+(x+y/2)H_2$]轉化為$H_2$、CO和水蒸氣混合物；與此同時，$H_2O$和CO經催化劑的催化作用在移位反應器中生成$H_2O$和$CO_2$。最後，燃料經處理進入負極的燃料堆，同時

空氣中的 O_2 在燃料堆的正極（空氣極）進行化學反應，並通過催化劑的催化，產生電能和熱能。化學反應如下。

陽極反應： $H_2 + 2e^- \longrightarrow 2H^+$ (5-3)

陰極反應： $1/2O_2 + 2H^+ \longrightarrow H_2O + 2e^-$ (5-4)

總反應： $1/2O_2 + H_2 \longrightarrow H_2O$ (5-5)

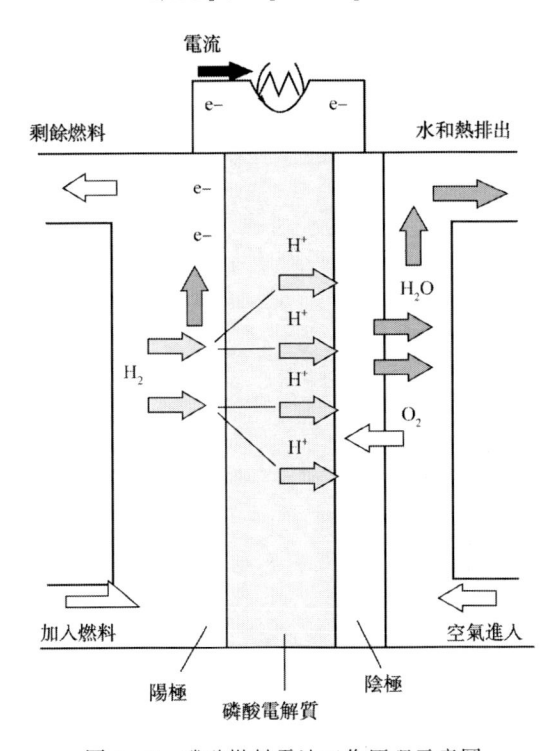

圖 5-2 磷酸燃料電池工作原理示意圖

PAFC 最初研究和開發是為了控制電網的用電平衡，20 世紀末，側重於向公民住宅、醫院、商場、旅館等提供熱電聯產服務。此外，PAFC 還可以用於車輛電源和可移動式電源等。

（3）熔融碳酸鹽燃料電池（MCFC）

通常採用金屬 Li、K、Na、Cs 的碳酸鹽混合物作為 MCFC 的電解質，MCFC 的結構如圖 5-3 所示，其中隔膜材料（多孔陶瓷電解質）$LiAiO_2$ 多孔陶瓷陰極（氧化鎳）、多孔金屬陽極（多孔鎳）、金屬極板等結構與電解質一同組成 MCFC 基本結構。MCFC 因工作溫度較高（650～700℃），所以反應速度加快；而且採用液體電解質，操作簡單；重要的是該燃料電池對燃料的純度要求相對較低，不需要貴金屬催化劑，極大地降低了成本。MCFC 一般應用於區域性供電。

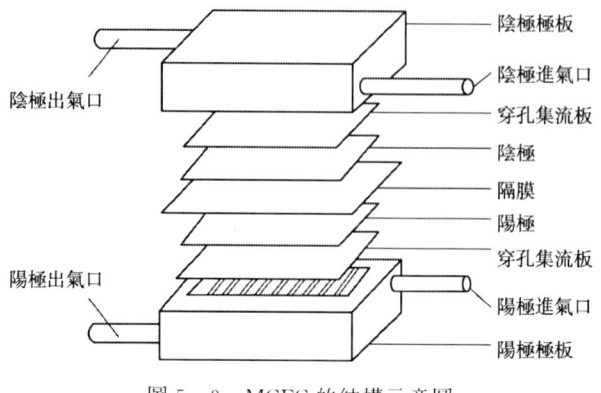

圖 5-3 MCFC 的結構示意圖

電解質隔膜材料為 $LiAiO_2$，添加鋰的氧化鎳為正極，多孔鎳為負極，這種材料會在 650℃時發生相變產生 CO_3^{2-}，並與 H_2 結合從而產生 H_2O、CO_2 和電子。化學反應如下。

陽極反應：　　　　　$CO_3^{2-}+H_2 \Longrightarrow H_2O+CO_2+2e^-$ 　　　　　(5-6)

陰極反應：　　　　　$CO_2+O_2+e^- \Longrightarrow 2CO_3^{2-}$ 　　　　　(5-7)

總反應：　　　　　$2H_2+O_2 \Longrightarrow 2H_2O+$電能 　　　　　(5-8)

由 MCFC 化學反應可知，導電離子為 CO_3^{2-}，CO_2 在陰極為反應物，而在陽極是產物。其 MCFC 穩定的三相介面是由多孔電極內的毛細管的壓力平衡來建立的。MCFC 工作時，CO_2 是不斷循環的，陽極產生的 CO_2 再返回到陰極，從而確保電池正常連續工作。MCFC 可以作為獨立的發電系統，但燃料電池目前不能轉換燃料的全部能量，存在一定的損耗等因素，因此作為獨立發電系統的 MCFC 效率較低。通常情況下，MCFC 可與燃氣輪機進行聯合發電，其發電效率和燃料利用率可以提高 60%左右，成本降低。

(4) 固體氧化物燃料電池(SOFC)

在常見的幾種燃料電池中，固體氧化物燃料電池(SOFC)在理論上能量密度是最高的一種。SOFC 的電解質為固體陶瓷，單體電池由兩個多孔的電極和夾在中間的緊密電解質層構成。SOFC 工作時溫度非常高，最高運行溫度能達到 800~1000℃，所以其電解質具有傳遞 O^{2-}、分隔氧化劑和燃料的作用。氧氣分子在陰極發生還原反應產生 O^{2-}。因在隔膜兩側存在電位差和氧濃度差，O^{2-} 會定向躍遷到陽極側與燃料進行氧化反應。

SOFC 在工作時，陰極側的氧氣因得到電子被還原成氧離子，氧離子因分壓受壓差作用通過電解質層中的氧空位輸送到陽極側，並與燃料發生氧化反應從而

失去電子，其工作原理如圖5-4所示。

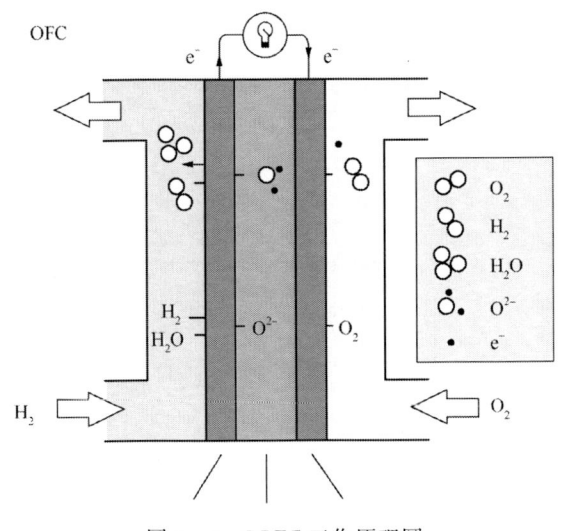

圖5-4 SOFC工作原理圖

SOFC反應式如下。

陽極反應： $H_2+O^{2-} = H_2O+2e^-$ (5-9)

陰極反應： $1/2O_2+2e^- = O^{2-}$ (5-10)

總反應： $H_2+1/2O_2 = H_2O$ (5-11)

SOFC單體電池因實際功率有限，只能產生1V左右的電壓，因此必須將若干單體電池通過串聯、並聯、混聯的方式組成電池組從而大幅度提高功率以滿足實際需求，方可具備實際應用條件。SOFC通常用於中、小型固定式熱電聯產發電，熱電材料的不斷進步與創新也使其經濟效益大幅度提高。SOFC因工作溫度通常在650～1000℃，升溫速率過快會對電池組件造成損害，故還存在啟動時間緩慢(65～200min)等關鍵技術問題。

(5) 質子交換膜燃料電池(PEMFC)

PEMFC用聚合膜作電解質，又稱為聚合物電解質燃料電池，同時與陰極、陽極和外電路組成。目前PEMFC在電動汽車和物料搬運領域的應用是最具潛力的。在燃料電池內部，質子從陽極穿過交換膜到達陰極，從而與外電路的電子構成迴路，為外界負載供電。PEMFC相比於其他電池工作溫度較低(一般低於100℃)，同時還可以根據實際工作需求靈活調整輸出功率。燃料電池排放物是水和水蒸氣，能實現零汙染；能源轉換效率高達60%～70%；工作過程中不會產生震動和噪音。此外，PEMFC還具有啟動速度快、比功率高、結構簡單、操作

方便等優勢。

PEMFC 工作時，陽極催化劑促使燃料（H_2）離子化為氫離子（H^+），隨後氫離子（H^+）穿過質子交換膜到達陰極並釋放電子（e^-），對外電路做功；催化劑使氧化劑還原，與 H^+、e^- 生成水。PEMFC 工作原理如圖 5-5 所示。

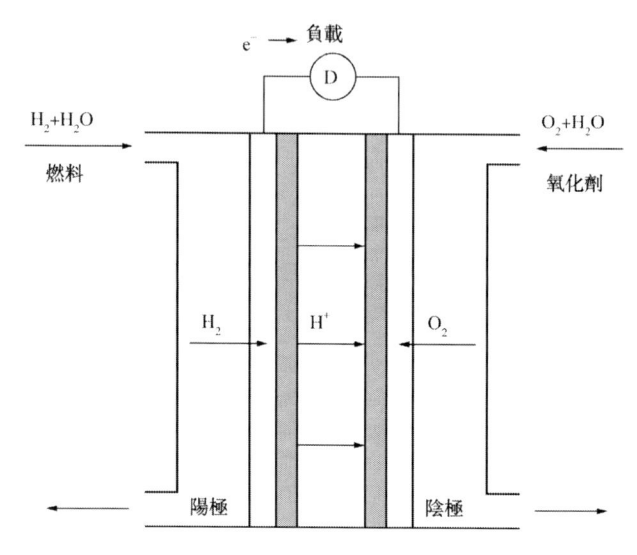

圖 5-5　PEMFC 工作原理圖

PEMFC 電化學反應如下。

陽極反應：$\qquad 4H^+ + 4e^- \Longleftrightarrow 2H_2 \qquad$ (5-12)

陰極反應：$\qquad O_2 + 4H^+ + 4e^- \Longleftrightarrow 2H_2O \qquad$ (5-13)

總反應：$\qquad 2H_2 + O_2 \Longleftrightarrow 2H_2O + 熱量 \qquad$ (5-14)

PEMFC 已經在客車、輕型汽車以及堆高機領域得到應用。近幾年，燃料電池汽車在性能方面取得了很大的突破與進步，其續航里程、最高時速等性能可與傳統的汽油車相匹敵。在多種燃料電池當中，又屬 PEMFC 的性能最佳。同時其應用也最廣，接下來對其進行系統介紹（下文氫燃料電池代指質子交換膜燃料電池）。

5.1.2　氫燃料電池的工作原理

氫燃料電池的工作原理如圖 5-6 所示。氫分子進入電池後通過擴散層達到催化層，在催化層上吸附解離形成黃色的電子以及質子，質子穿過聚合物薄膜，

第5章 氫能的利用技術

電子則通過外部電路產生電能到達陰極，與陰極的氧分子和達到陰極的質子結合生成水。同時，這個放電的過程還會產生一定的熱能。其中，電極的主要功能是為燃料提供化學反應場所；H^+ 可通過質子交換膜進行傳遞；雙極板的作用是將多節單電池進行串聯，從而形成電堆；燃料和氧化劑等氣體可以通過氣體通道實現擴散，使電化學反應均勻。

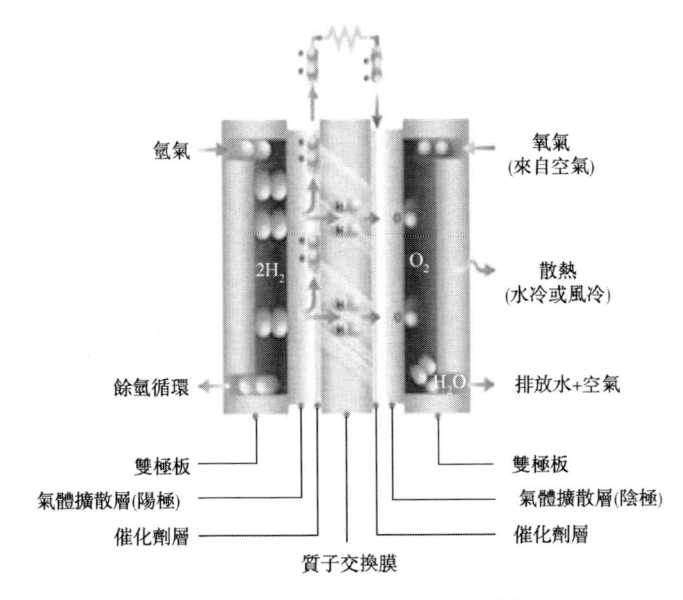

圖 5-6　氫燃料電池的工作原理示意圖

(1) 質子交換膜

質子交換膜是氫燃料電池最為核心的組成部分，只有 H^+ 才能通過它來進行傳播和擴散，而其他分子、離子是不能夠通過質子交換膜的，這起到了很好的保護作用，故而氫燃料電池的功能優劣很大程度上取決於質子交換膜質量的優劣。全氟磺酸質子交換膜主要由碳氟主鏈以及帶有磺酸基團的醋支鏈聚合物組成。該交換膜在中國達到了工業生產上的要求，已投入使用多年。

(2) 電極

電極是氫燃料電池不可或缺的一部分，廣泛應用的電極基本都是由催化反應層和擴散層所組成。擴散層主要是為催化層起到一個承載的作用，並且能夠為反應物、生成物、電能和熱能提供傳送擴散的通道。

(3) 膜電極(MEA)

如果構成交換膜的固態高分子聚合物與電極有直接的接觸將會影響電能轉換效率，造成不良後果。使全氟磺酸樹脂充斥在陽極、陰極和質子交換膜之間，再

對該樹脂施加一定壓力和濕度，可使三者緊密地結合在一起，避免了上述的不必要影響，這就是膜電極(MEA)的由來。

(4) 雙極板

在常溫狀態下，氫燃料電池的輸出電壓是比較低的，通常情況下實物不會超過1V，這也是上文所說的氫燃料電池的缺點之一，而在工業生產中所需要的電壓往往要高於此電壓，這就需要雙極板的中間作用。雙極板能夠將多個單節燃料電池實現完美的串聯作用，使得上一節電池的電極與下一節電池的電極相連接，並且保證反應氣體能夠在各個極板上面平均地分布，這樣就可得到較高的電壓，滿足工業上的需求。

氫燃料電池工作的性質與傳統電池有著本質的區別，它能夠利用電化學反應將儲存於燃料與氧化劑之中的化學能轉化為可以應用到民事、軍事等各領域的電能，並且控制方法清晰明了。工作原理如圖5-7所示。

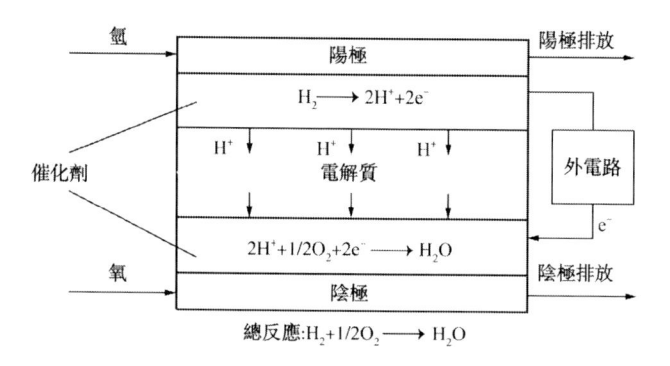

圖5-7 氫燃料電池工作原理

氫氣首先通過陽極和催化層，在催化劑的催化下分解成電子和H^+。質子會直接通過交換膜到達陰極，電子在通過外電路到達陰極的過程中會對負載進行供電。同理，在另一側的陰極氧化劑會在加濕之後，再在催化層的催化劑作用下發生還原反應，即氧化劑與傳送過來的氧離子和電子結合生成水和熱能。在整個的氫燃料電池氧化還原反應過程中，實質上就是電解水的逆過程，並不涉及燃燒等有危險的過程，並且唯一產物也是可以循環利用的水資源，符合清潔環保的理念。

PEMFC的發展主要面臨的問題是成本問題，PEMFC裝置的成本主要來源之一是負載在陰極的Pt基ORR(氧還原反應)電催化劑。使用非貴金屬催化劑能從根源上解決成本問題。目前在酸性體系下，非貴金屬基催化劑除Fe基和Co基單原子催化劑在半電池RDE(旋轉圓盤電極)測試過程中能夠表現出與商業Pt/C

相近的催化活性外，在 PEMFC 測試過程中表現出的性能仍與 Pt 基催化劑有較大差距，且穩定性仍面臨巨大的挑戰。

此外，氫氧燃料電池按照不同的運行環境可以分為在酸性條件下運行的 PEMFC 和在鹼性條件下運行的 AEMFC。由於 PEMFC 中的質子交換膜製備工藝較為成熟，近年來研究人員對 PEMFC 進行了深入的研究。與酸性條件的 ORR 電催化劑相比，在鹼性條件下非貴金屬基 ORR 電催化劑均能表現出與 Pt 基催化劑相當甚至優於 Pt 基催化劑的催化性能。

因此，相比於 PEMFC，在 AEMFC 體系中更容易降低膜組件的成本。AEMFC 的研發一直受限於陰離子交換膜的技術難題，近年來隨著陰離子交換膜技術的突破，AEMFC 也受到了更多的關注。AEMFC 在一定程度上能緩解 PEMFC 所面臨的技術難題，提供了更精巧、穩定和經濟有效的系統，有可利用的非貴金屬基 ORR 電催化劑，很大程度上降低了體系的複雜性。然而 AEMFC 的發展仍面臨眾多挑戰：①在鹼性條件下 HOR（氫氧化反應）的衰減速率十倍於酸性條件下，因此需要更多的貴金屬來催化 HOR 反應。②由於 CO_2 會與 AEMFC 體系中的鹼性電解液發生反應，形成不溶性的鹼金屬碳酸鹽沉積影響電池性能，因此，AEMFC 的 CO_2 耐受性很差。③在 AEMFC 體系下水產生在陽極，陽極產生的過多的水會導致催化劑去活化，而發生在陰極的 ORR 反應是一個消耗水的過程，水管理問題對於該體系是一個挑戰。

雖然近年來氫燃料電池的基礎研究與工程化應用都得到了大力發展，但仍面臨諸多挑戰，通過開發高效、高穩定性的非貴金屬催化劑，提高燃料電池系統的耐用性與可靠性，減小燃料電池系統尺寸，改善氣/水/熱量循環等方式來降低裝置的製造成本，提高系統運行效率仍是氫燃料電池發展過程中急待解決的問題。

5.1.3 氫燃料電池的應用

氫燃料電池作為將氫能的化學能轉化為電能的能量轉換裝置，具有轉換效率高、環保無汙染（噪音/尾氣）、適應性強、穩定性好等諸多優勢，能夠應用在軍事、航太等重要的軍工領域，並且在變電站、汽車以及電源等民用領域有著不可替代的作用。氫燃料電池的能源儲存轉換示意如圖 5-8 所示。

基於氫燃料電池的工作特性，其適用場景可以分為三大類，分別為固定式發電裝置、交通運輸動力系統和便攜式供電系統（如圖 5-9 所示）。其中固定

式發電應用主要是通過將新能源發電產生的多餘電量用來電解水製氫，並將氫氣儲存，在需要時可通過氫能發電機和燃料電池兩種技術手段實現由氫能向電能的轉化，用來解決電網削峰填谷、新能源穩定併網問題，提高電力系統安全性、可靠性、靈活性，大幅降低碳排放，並推進資源可持續發展策略。氫能儲能發電具備能源來源簡單、豐富、儲存時間長、轉化效率高、幾乎無汙染排放等優點。

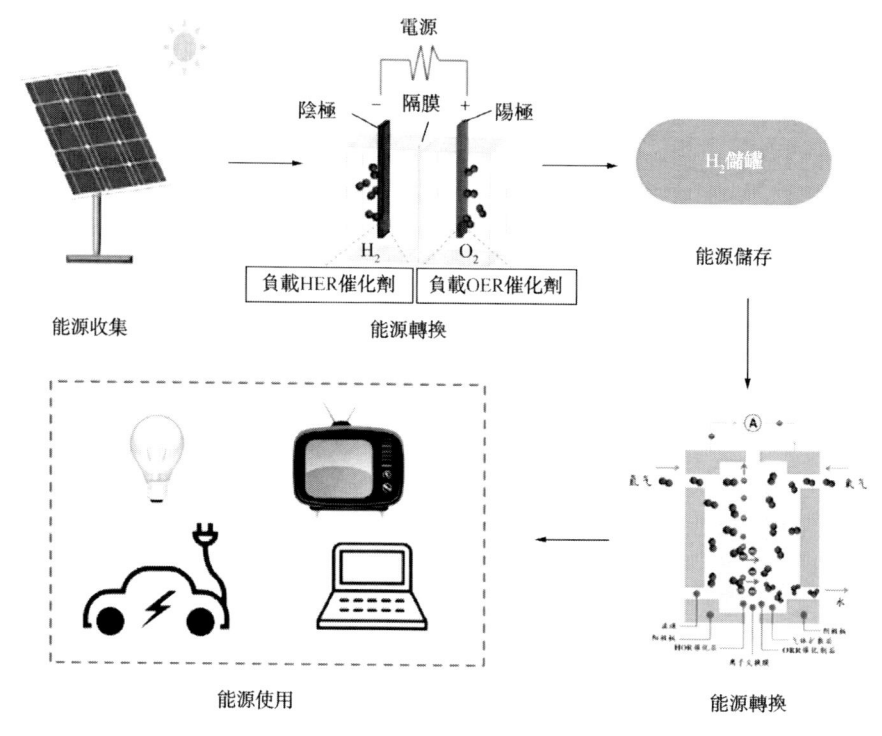

圖 5-8　氫燃料電池的能源儲存轉換示意圖

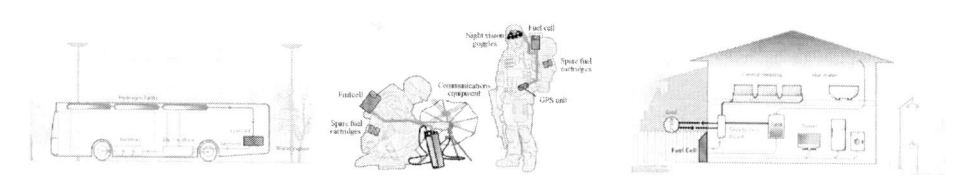

圖 5-9　氫燃料電池典型應用場景舉例

另一個燃料電池的固定式應用是小型熱電聯供系統，如圖 5-10 所示。其用於家庭或小型商業建築同時提供熱量和電力，以避免長距離運輸電力 6%～8%

的能量損失，達到節能效果。美國 BloomEnergy 生產固體氧化物燃料電池發電系統主要用於資料中心和辦公樓宇等商業使用者，2019 年銷售量達到 1194 套。日本通產省 2005 年起啟動 Ene-Farm 計劃，由松下、東芝、愛信精機等生產商負責開發 700~750W 家用燃料電池熱電聯供系統。中國的燃料電池微型熱電聯供系統正在初步研發階段。

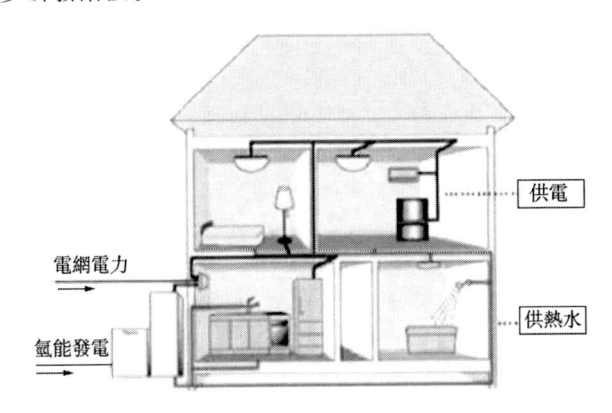

圖 5-10　小型熱電聯供系統示意圖

氫燃料電池在交通運輸動力系統中的應用也是目前燃料電池產業發展的重點方向（如圖 5-11 所示）。與純電動汽車和傳統燃油車相比，燃料電池汽車具有溫室氣體排放低、燃料加注時間短、續航里程高等優點，較適用於中長距離或重載運輸，當前燃料電池汽車產業政策也優先支持商用車發展。燃料電池汽車產業處於起步階段，燃料電池汽車企業數量較少，產銷規模較小，當前燃料電池汽車的購置成本還較高，尚不具備完全商業化的能力，技術和成本是限制燃料電池市場化的主要因素。燃料電池汽車成本未來有較大下降空間。燃料電池車適合重型和

圖 5-11　氫燃料電池在交通運輸中的應用示意圖

長途運輸，在行駛里程要求高、載重量大的市場中更具競爭力，未來發展方向為重型卡車、長途運輸乘用車等。根據國際氫能協會分析，燃料電池汽車在續航里程大於650km的交通運輸市場更具有成本優勢。由於乘用車和城市短程公車續航里程通常較短，因此純電動汽車更有優勢。

燃料電池汽車主要包括燃料電池系統、車載儲氫系統、整車控制系統等。其中，燃料電池系統是核心，成本有望隨著技術進步和規模擴大而下降。根據國際能源總署(IEA)研究，隨著規模化生產和工藝技術的進步，2030年燃料電池乘用車成本將與純電動汽車、燃油車等其他乘用車成本持平，其中燃料電池系統的成本下降是推動燃料電池汽車成本下降的主要動力。

氫能在鐵路交通領域的應用，主要是與燃料電池結合構成動力系統，替代傳統的內燃機。目前氫動力火車處於研發和試驗階段，德國、美國、日本和中國等國走在尖端。德國在2022年開始營運世界上第一條由氫動力客運火車組成的環保鐵路線，續航里程可達1000km，最高時速達到140km。中國在2021年試運行中國首臺氫燃料電池混合動力機車，滿載氫氣可單機連續運行24.5h，平直道最大可牽引載重超過5000t。氫動力火車的優點在於不需要對現有鐵路軌道進行改建，通過泵為火車填充氫氣，並且噪音小、零碳排放。但是現階段發展氫動力火車也存在一些挑戰。一方面，氫燃料電池電堆成本高於傳統內燃機，組成氫動力系統後(含儲氫和散熱系統等)成本將進一步增加，搭載氫能源系統的車輛成本較高。另一方面，由於技術不成熟、需求少等因素，目前加氫站等氫能源基礎設施的建設尚不完善。

氫及氫基燃料是航運領域碳減排方案之一。通過氫燃料電池技術可實現內河和沿海船運電氣化，通過生物燃料或零碳氫氣合成氨等新型燃料可實現遠洋船運脫碳。中國部分企業和機構基於國產化氫能和燃料電池技術進步已經啟動了氫動力船舶研製。現階段，氫動力船舶通常用於湖泊、內河、近海等場景，作為小型船舶的主動力或大型船舶的輔助動力。海上工程船、海上滾裝船、超級遊艇等大型氫動力船舶研製是未來發展趨勢。

總體而言，氫動力船舶整體處於前期探索階段，高功率燃料電池技術尚未成熟，但隨著氫儲存優勢顯現，燃料電池船舶市場滲透率將逐步提升。預計到2030年中國將構建氫動力船舶設計、製造、除錯、測試、功能驗證、性能評估體系，建立配套的氫氣「製儲運」基礎設施，擴大內河/湖泊等場景的氫動力船舶示範應用規模，完善水路交通相關基礎設施；到2060年完成中國水路交通運輸裝備領域碳中和目標，在國際航線上開展氫動力船舶應用示範，提升中國氫動力船舶產業的國際競爭力。

由於化石燃料的資源有限和大量開採，當今世界新能源的開發迫在眉睫。氫燃料電池因其高效率、高可靠性、運行無噪音等特點，廣泛應用於電動汽車的動力電源領域以及集中式或分散式電站，為商場、醫院、飯店、工廠工廠等諸多場所提供電能和實現熱電聯產等。

5.2 氫內燃機

內燃機通過燃燒實現燃料化學能向熱能及動能的轉化，傳統內燃機主要以石油作為燃料，燃料完全燃燒時產物為水和二氧化碳。但由於燃料的供給與空氣的混合程度等原因會造成燃料的不完全燃燒，使汽車尾氣中還包含一氧化碳、碳氫化合物、氮氧化合物（NO_x）及顆粒物等物質。汽車尾氣中的有害物質的超額排放會對環境造成汙染，同時 CO_2 是一種較大比熱容的物質，傳統內燃機汽車排放的大量 CO_2 會造成溫室效應，對全球氣候變暖會產生重大影響，因而國內外學者和工業界領域紛紛將目光瞄準純電動汽車、混合動力汽車、燃料電池汽車以及新型內燃機等車輛動力系統節能減排方案的探索工作。表 5－2 列出了常溫常壓下氫氣、汽油、醇類、天然氣和液化石油氣的主要物化特性對比。

表 5－2　氫氣與常見化石燃料的主要物化特性

特性參數	燃料種類					
	氫氣	汽油	醇類		天然氣	液化石油氣	
			甲醇	乙醇		C_3H_8	C_4H_{10}
H/C 原子比	—	2.0～2.3	4	3	4	2.67	2.5
密度（液相）/（kg/L）	0.071	0.72～0.78	0.79	0.81	0.424	0.508	0.584
密度（氣體）/（kg/m³）	0.089	—	—	—	0.714	1.964	2.589
沸點/℃	−253	30～190	65	78	−162	−42	−0.5
汽化潛熱/（kJ/kg）	120	44.0	19.5	25.0	50.1	46.1	45.5
化學計量（質量）空燃比	34.2	14.6～14.8	6.5	9.0	17.24	15.56	15.43
化學計量混合氣低熱值/（MJ/kg）	3.41	2.80	2.60	2.50	2.75	2.77	2.77
辛烷值 RON/MON	—	91～98 / 82～88	111/92	108/92	130/100	111/97	103/89
自燃點/℃	580	550	450	420	650	480	440

續表

特性參數	燃料種類							
	氫氣	汽油	醇類		天然氣	液化石油氣	
			甲醇	乙醇		C_3H_8	C_4H_{10}
點火範圍(過量空氣係數)	0.5~10.5	0.4~1.4	0.34~2.0	0.3~2.1	0.7~2.1	0.42~2.0	0.36~1.84
最小點火能量/mJ	0.02	—	0.215	0.65	0.32	0.305	0.38
火焰最大傳播速度/(m/s)	3.1	0.37	0.52		0.34	0.32	

由表5-2的對比可以發現，僅依靠天然氣、醇類及液化石油氣之類的含碳燃料代替汽油和柴油來解決引擎的汙染物排放問題，只能對環境汙染起到緩解作用而非根治。氫氣是眾所周知的「清潔」能源載體，它最大的優點在於不含碳，不會產生含碳汙染物排放。同時，與汽油、天然氣、醇類和液化石油氣等燃料相比，氫氣具有低熱值高、擴散性好、燃燒速度快、熱效率高等優點，有望成為替代傳統化石燃料作為車用內燃機的絕佳燃料，本節主要對氫內燃機動力系統進行簡要介紹。

5.2.1 純氫內燃機

氫內燃機研究的起源始於19世紀中期，但實用性的氫內燃機直到20世紀初期才開始出現。氫內燃機的工作原理與傳統內燃機相差無幾，以氫氣為燃料，由於其較低的點火能量需求與較高的自燃溫度點的特點，可以通過對傳統內燃機增加一套氫氣供給系統並對點火系統進行少許改造就可以得到氫內燃機。目前氫內燃機技術較為成熟，對其研發的成本相對較低。用於氫內燃機的氫燃料純度要求與氫燃料電池相比較低，一般的水煤氣法製取的氫氣、氨氣分解製取的氫氣、甲醇裂解製取的氫氣以及工廠副產品氫氣的純度都可以滿足氫作為內燃機燃料，因此，用於氫內燃機燃料的氫氣來源較為廣泛，價格相對氫燃料電池較為低廉。由於與傳統內燃機具有基本相同的零部件結構，其維護與保養可以與傳統內燃機相同，且成本較低，易被廣大使用者接受。

氫內燃機缸內氫氣的燃燒速度很快，缸內溫度很高，氣缸壁等部件散失大量的熱，使得效率值必然低於理想的卡諾循環，也就較燃料電池的效率低。實際情況下，燃料電池只在低負荷下才具有較高效率，隨著負荷增加，需要燃料電池輸出的電流也增大，熱損失隨電流增大呈指數關係增加；高負

荷時，燃料電池的效率與內燃機的效率相差無幾。有關研究顯示，在與引擎相同的測試條件下，氫氣的燃燒速度更快，氫內燃機等容度更高，使得氫內燃機熱效率較傳統燃油內燃機高。在大多數工況下，只以氫氣為燃料的氫內燃機可以實現零排放，即使在高負荷下，其排放物中也只有 NO_x，對排放的控制較傳統內燃機更容易。其原因是由於氫氣的燃燒溫度高達 2000K 以上，在富氧環境下，空氣中的氧氣和氮氣在高溫條件下發生反應生成 NO_x。所以理論上講，NO_x 是氫內燃機產生的唯一有害排放物。

隨著大氣環境汙染和溫室氣體效應問題受到關注，能夠實現「準零排放」的純氫內燃機逐漸成為內燃機領域的研究焦點。通過對比純氫內燃機與汽油機的動力性能，Sopena 等人研究發現在低速小負荷工況下純氫內燃機的比燃油消耗率顯著低於汽油機，但在大負荷條件下兩者相當，同時在相同的節氣門開度條件下，純氫內燃機的製動平均有效壓力顯著低於汽油機。該項研究顯示純氫內燃機在低速小負荷工況下能夠獲得較汽油機更高的熱效率，但由於氫氣的混合氣熱值小於汽油，因此氣道噴射內燃機燃用氫氣時動力性會有所下降。通過純氫內燃機及傳統汽油機熱效率及 NO_x 排放指標的試驗結果對比，Verhelst 等人發現純氫內燃機的有效熱效率在全工況下均高於汽油機，然而其 NO_x 排放量較汽油機高，當量比大於 0.5 後，純氫內燃機的 NO_x 排放量隨當量比增大迅速上升，可見採用稀薄燃燒是控制純氫內燃機 NO_x 排放的有效手段。

氫氣具有極高的質量低熱值，採用氫氣缸內直噴能夠有效改善純氫內燃機的動力性。Antunes 等人基於柴油機改造了一臺缸內直噴純氫內燃機，並對其動力和經濟性能進行了試驗研究。試驗結果顯示直噴純氫內燃機具有較原機更好的動力性，其最高功率較原機提高了 14%，此外，在純氫缸內直噴模式下內燃機的熱效率由原機的 28% 提高至 43%，氮氧化物排放相比原機降低了 20%。為研究噴氫相位對直噴純氫內燃機燃燒及排放性能的影響規律，Mohammadi 等人通過臺架試驗測試了不同噴氫相位下內燃機的輸出功率、熱效率、氮氧化物排放等性能指標，其結果顯示在進氣行程噴射氫氣雖然能夠抑制回火，但由於充氣效率降低，在進氣行程噴氫策略下內燃機的熱效率及輸出功率較低；在壓縮行程後期噴氫能夠實現超過 39% 的內燃機熱效率以及 0.95MPa 的製動平均有效壓力，內燃機的經濟性和動力性均得到顯著改善，同時在稀薄燃燒策略的配合下內燃機氮氧化物排放也可以得到有效抑制。北京理工大學對進氣道噴射純氫內燃機的回火現象展開了試驗及數值計算研究，研究發現當燃空當量比超過 0.65 後純氫內燃機即有可能發生明

顯的回火現象，在影響回火現象產生的諸多因素中，燃燒室內進氣門壁面處混合氣的溫度及氫氣組分濃度是影響回火現象發生的兩個關鍵因素；並與長安汽車公司合作對氫內燃機電子控制技術及氫內燃機穩定性和排放控制等方面的技術進行了研究，開發出中國第一臺氫內燃機樣機，實現了點火試驗。

純氫內燃機具有較高的熱效率並能實現碳氫化合物及一氧化碳的準零排放，然而相比於汽油機純氫內燃機存在高負荷動力性較差的問題，同時其較高的氮氧化物排放也難以滿足當前的城市大氣細顆粒物減排要求。採用稀燃或在進氣中引入廢氣再循環技術雖然可以抑制純氫內燃機的氮氧化物生成，但勢必會導致其動力性的進一步下降。採用氫氣缸內直噴的方式能夠改善動力性，然而氫氣較差的潤滑性能又為氫氣噴嘴的可靠性帶來了新的挑戰。此外，由於氫氣較寬的燃燒界線及較高的擴散速率，純氫內燃機易發生回火現象，由汽油機直接改裝的純氫內燃機具有安全隱患。同時，高能量密度儲氫技術還有待進一步開發，城市氫基礎設施目前尚不完善，這都為純氫內燃機在短期內的推廣帶來了困難。

5.2.2 摻氫內燃機

氫能在內燃機中應用的另一種方式是將氫氣與汽油、天然氣、醇類等基礎燃料進行摻燒，即摻氫內燃機。摻氫內燃機利用氫氣獨特的分子結構和理化、燃燒特性，改善基礎燃料的氧化路徑及缸內火焰傳播過程，從而實現相對於原機更高的熱效率和更低的排放。

相比於純氫內燃機，摻氫內燃機以氫氣作為燃燒的促進劑，氫氣量的使用較少，可隨車製取使用，從而避免了儲氫設備及氫氣加注設施不完善的問題，同時較少的氫氣噴射量也有利於降低回火等不正常燃燒現象的出現頻率，提高了燃油供給系統的穩定性。此外，摻氫內燃機的主燃料仍為汽油、天然氣、醇類等含碳燃料，其燃燒產物中包含具有較高莫耳比熱容的 CO_2 組分，摻氫燃料的絕熱火焰溫度較純氫低，有利於抑制氮氧化物的生成，同時汽油、醇類等液態燃料較高的混合氣熱值也有利於保證摻氫內燃機的低負荷動力性。基於以上原因，摻氫內燃機也被認為是一種高可靠、低成本地實現內燃機高效清潔燃燒的技術方案。

摻氫內燃機能夠改善燃燒過程燃料的氧化路徑，實現清潔燃燒。黃佐華等人通過理論計算得出，摻混氫氣後層流火焰中 H、O、OH 自由基莫耳濃

度上升，強化了 CH_4 的脫氫反應速率及氧化過程末期 CO 向 CO_2 的轉化過程，摻氫後 CH_4、CO 組分莫耳濃度降低，燃料的完全燃燒程度得到改善；同時，摻氫後甲烷的氧化路徑向低碳反應移動，從而抑制了顆粒物排放生成；但摻氫對 NO_x 生成反應的作用較小，摻氫難以通過優化燃燒路徑的方式改善燃料的氮氧化物排放。Halter 等人研究發現，混合氣燃燒速率隨摻氫體積分數增大而提高，而提高燃燒初始壓力會導致燃燒速率下降。摻氫後火焰鋒面內 H、O、OH 自由基濃度上升是乙炔燃燒反應加速的主要原因，由於乙醇通過分解反應能夠生成 OH 自由基，因此其燃燒過程主要通過摻氫後 H、OH 自由基濃度上升得到加速。

浙江大學杜天申等人通過在汽油內燃機中添加 5% 的氫氣，發現與原始汽油引擎相比，同等條件下所有 CO、碳氫化物和 NO_x 均出現不同程度降低。李徑定等人通過燃燒化學動力學機理，研究汽油混合氣中摻入氫氣，可擴展混合氣燃燒範圍，提高火焰傳播速度，加快稀薄混合氣的燃燒速度，不僅改善了汽油機的經濟性和排放性，而且提升了內燃機的燃燒熱效率。

摻氫燃料內燃機可利用氫氣獨特的物理化學屬性改善基礎燃料氧化路徑，優化湍流火焰結構，從而實現高效、清潔、穩定燃燒。由於摻氫燃料的絕熱火焰溫度遠低於純氫，且可以利用氫氣寬廣的燃燒界線通過稀燃方式實現低溫燃燒，因此摻氫內燃機的 NO_x 排放低於純氫內燃機，其推廣應用有利於細顆粒物防治。由於摻氫內燃機用氫量較小，可利用車載製氫機隨車製取，因此摻氫內燃機車輛對於氫能基礎設施的依賴性較弱，具有和傳統汽油機汽車相同的行駛里程。此外，控制摻氫內燃機單次噴氫量在氫氣稀燃極限以下，可以避免回火等現象的發生，進而不必對原有汽油機進行改裝即可保證安全運行。因此，摻氫內燃機符合當前大氣汙染防治需求、可在短期內推廣應用的內燃機節能減排技術路徑。

5.3　氫冶金

鋼鐵工業是世界各國關注的重點碳排放行業，是在所有製造業領域中碳排放量最高的行業，也是落實碳減排的重要領域。中國作為世界鋼鐵生產和消費中心，2020 年粗鋼產量 10.65 億 t，占全球粗鋼總產量比重為 56.7%，而中國鋼鐵

以高爐－轉爐長流程生產工藝為主，按照目前每生產1t粗鋼約排放1.8t二氧化碳計算，排放總量約19.2億t，無疑是實現碳減排目標需關注行業中的重點領域之一。

將氫氣用於鋼鐵製造的氫冶金工藝為變革性技術，採用氫氣取代焦炭作為還原劑，開展氫冶金技術研究，是氫能在鋼鐵行業中的重要應用，有望改變現有鋼鐵產業環境，是鋼鐵產業優化能源結構、工藝流程和產業結構，徹底實現低碳綠色可持續發展的有效途徑之一。目前國內外氫冶金技術路線主要分為兩大類技術工藝，即富氫還原高爐和氫氣豎爐直接還原技術。

高爐富氫還原煉鐵是利用焦爐煤氣或改質焦爐煤氣替代部分焦炭，用來還原鐵礦石，該項技術的目標是減少10%的碳排放。主要包括富氫還原鐵礦石技術、焦爐煤氣改質技術和高強度高反應性焦炭生產技術。焦爐煤氣改質技術是通過催化裂解將焦爐煤氣中的碳氫化合物轉變為氫氣，改質後的焦爐煤氣中的氫氣含量可達到60%以上。高爐噴吹H_2或富氫氣體有助於增加生鐵產量，並在一定程度上實現節焦或節煤，降低碳排放。但由於噴吹H_2或富氫氣體後，爐頂煤氣H_2利用率不斷降低，噴入的清潔能源H_2未能高效利用，而且在爐內摻入N_2等雜質成分(由於鼓風使爐內煤氣含有50%左右的N_2)，增加了爐頂煤氣分離難度，導致頂煤氣循環成本高；同時，富氧、H_2或富氫氣體的成本增加將制約高爐噴吹富氫氣體的綜合經濟效益；另外，由於高爐的冶煉特性，焦炭的骨架作用無法被完全替代，H_2噴吹量存在極限值。因此，高爐通過噴吹含氫介質富氫還原實現碳減排的潛力受到限制，一般認為高爐富氫還原的碳減排幅度可達10%～20%，難以經濟地實現更大幅度的碳減排以及碳中和的目標。目前致力於研究此工藝路線的國家主要有中國、日本、韓國、德國等，如2008年日本啟動的以氫直接還原鐵礦石的COURSE50專案，其技術路線如圖5-12所示。

氫氣豎爐直接還原技術採用H_2作為還原劑，氫氣來源於電解水，還原尾氣產物只有水，可大幅降低CO_2排放量。其中富氫煤氣豎爐直接還原技術早在20世紀中葉就實現了工業化應用。目前世界上正在運行的以天然氣或煤製合成氣直接還原鐵的豎爐達幾十座，多數豎爐入爐煤氣的氫氣含量已達到55%～80%。目前具有代表性的技術是Midrex工藝，其工藝流程如圖5-13所示。將外部生成的氫氣引入常規Midrex生產系統，無須重整裝置，利用氣體加熱裝置將氫氣加熱到所需溫度。實際生產時入爐還原氣中的氫氣含量約為90%，根據計算，生產每噸鐵的氫氣消耗量約為550Nm³，另外還需250Nm³的H_2作為入爐煤氣加熱爐的燃料。

第5章 氫能的利用技術

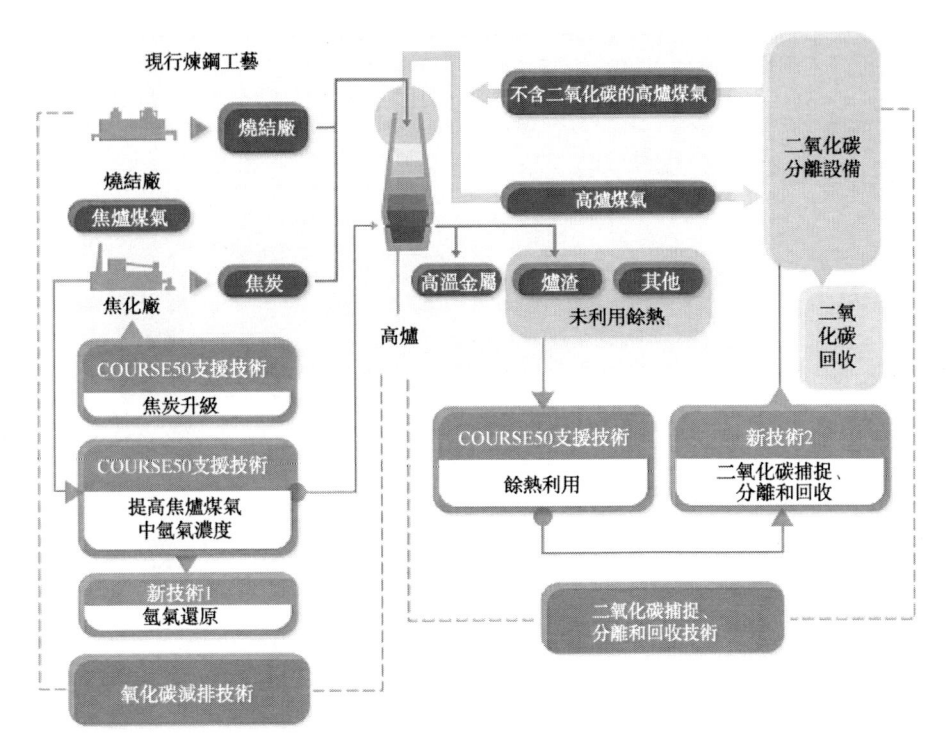

圖5-12 日本COURSE50專案技術路線圖

氫氣豎爐直接還原過程中，在入爐煤氣溫度一定的條件下，H_2還原速度並非隨H_2含量呈線性增加，這主要是因為H_2還原能力受反應器內部溫度場的制約。當H_2含量不高時，增加H_2含量會加快還原進程並達到還原速率的最大值，最大值時的氫含量是該條件下的最佳比例。但是，當H_2含量進一步增加後，H_2還原鐵礦石吸熱將使鐵礦石床層溫度降低，而且這一效應逐漸占據主導地位，鐵礦石還原速率將持續受到阻礙。這是移動床中溫度場派生效應相互消長的結果。這時，若想提高還原反應的速率並保證產能，必須通過增加入爐H_2流量，或者用其他物理方法向床層補充熱量保持高溫，才能達到氫氣快速還原的效果。與高爐流程相比，該工藝可將CO_2排放量降低80％左右，目前正在研究這一工藝路線的國家主要有中國、瑞典、奧地利、德國等，如2018年東北大學與遼寧華信鋼鐵集團公司共同籌建的年產1萬t DRI和10萬t精品鋼的煤製氣－富氫氣基豎爐－電爐短流程示範工程專案。

在傳統的高爐冶鐵工藝方面，目前中國生產1t鐵大約需要消耗340kg焦炭，粗算鐵還原劑成本約為1000元/t，碳排放量約1.2t。氫冶金方面，按照日本鋼

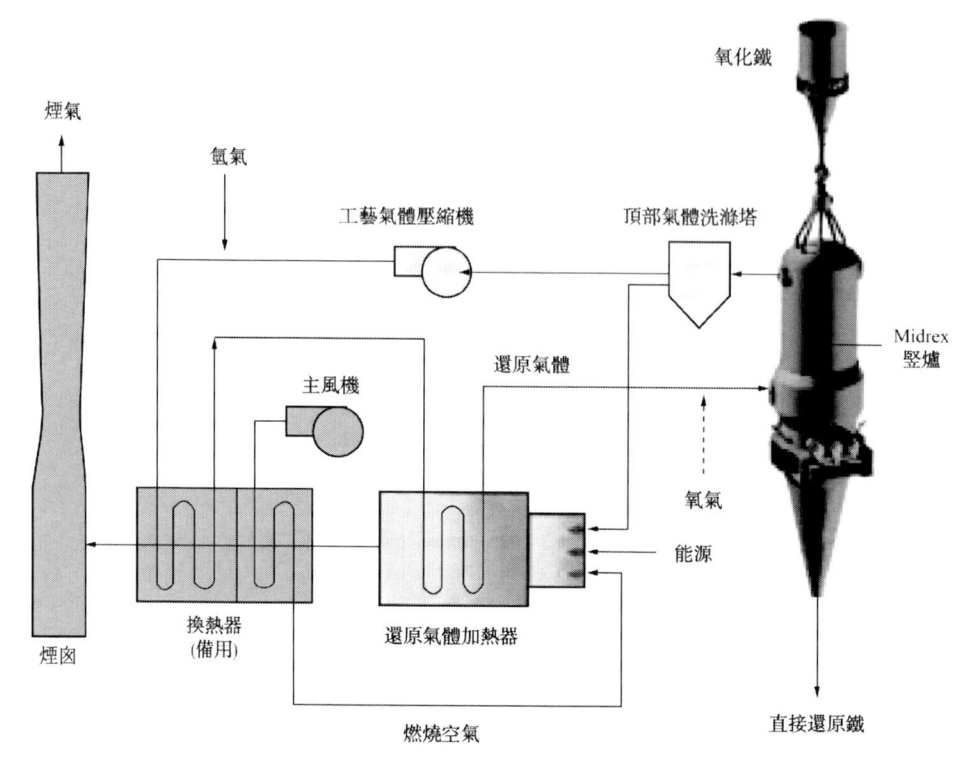

圖 5－13　Midrex 工藝流程圖

鐵協會估算生產 1t 生鐵需要 1000Nm³ 氫氣，折合質量約 90kg。綜合分析，從成本角度上考慮目前氫冶金還是很難替代當前的主要冶煉工藝。發展氫冶金的重點方向之一是降低氫的生產成本。未來隨著氫生產成本的降低及碳稅的普及，氫冶金也將逐漸推廣應用。

第6章

氫儲能新材料

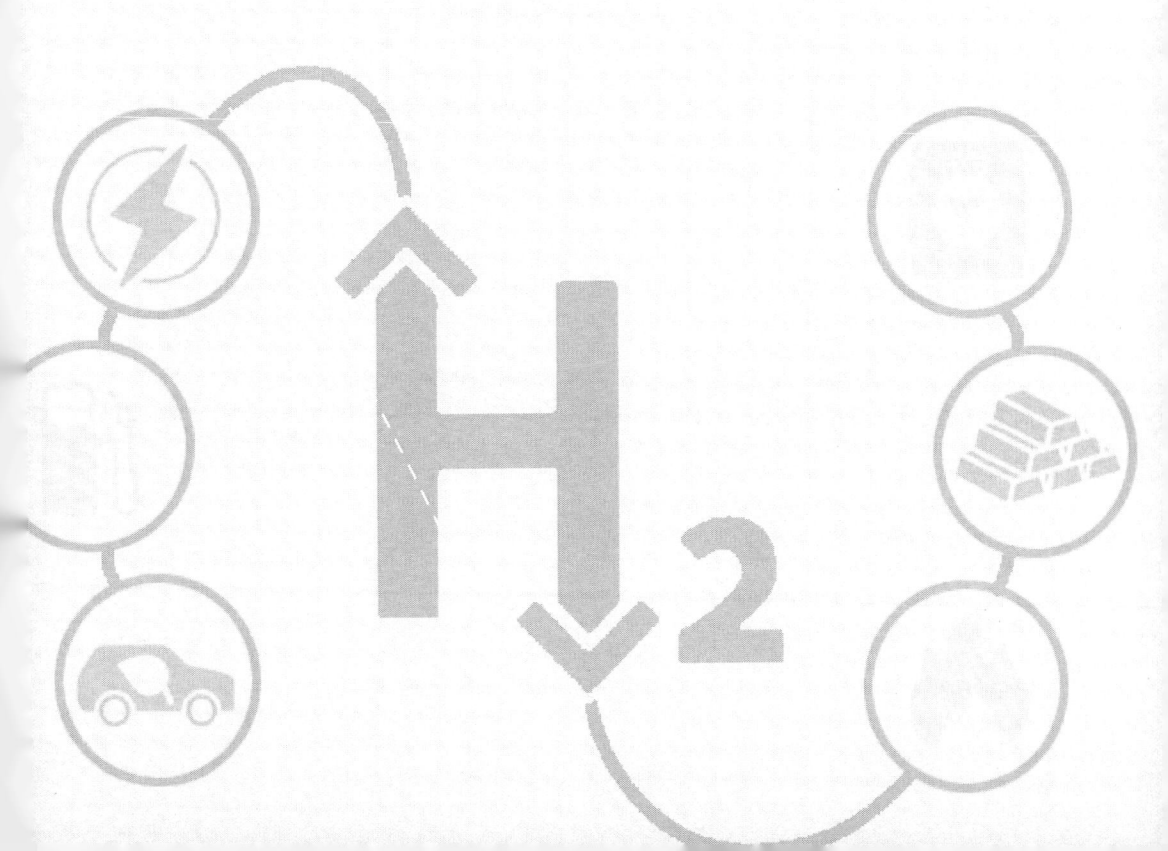

氫作為潔淨高效的能源載體,氫氣的製備、儲存和轉化利用與新材料的設計開發密切相關,這其中由氫原子與其他一種或多種元素所形成的化合物通常被稱為氫化物或含氫化合物,包括金屬的氫化物、胺基化合物、硼氫化物、胺基硼烷等。目前文獻中對氫化物的定義並不統一。傳統的氫化物是指氫與正電性的元素或基團形成的化合物,如 NaH 和 KH 等。根據氫與另一個元素成鍵的性質可將氫化物劃分為離子型(如 NaH、KH)、共價型(如 H_2O、NH_3)和金屬型(如 TiH_x、LaH_x)三類。

　　氫化物是一類化學性質非常活潑的物質,因其較為獨特的物理化學性質,在作為固態儲氫材料、鎳氫電池電極材料、水解製氫材料、氫同位素分離材料等應用方面展現出豐富的潛能,在眾多與潔淨能源利用相關的領域已經展現出獨特的性質和強大的功能。本章在對上述物質的物理化學性質與合成工藝進行介紹的基礎上,著重介紹這類氫儲能新材料在氫氣的儲存和利用等方面取得的進展。

6.1　固態儲氫材料

　　氫氣在常溫、常壓下為氣體狀態,其體積能量密度非常低,因此安全高效的氫氣儲運技術是制約氫能產業發展的瓶頸技術之一。常用的氫氣儲運技術在第 4 章中已經做了詳細介紹,本節所述的固態儲氫材料主要對應於固定式和移動式兩種應用場景中的金屬氫化物材料,尤其是作為燃料電池車載的移動式儲氫技術,須具備體積小、儲氫容量大、吸放氫條件溫和、加氫速度快、循環性好和成本低等特徵。目前較多採用的高壓氣態儲氫方式具有加氫/放氫速度快和操作過程簡單等優點。但是由於使用高壓氫氣,壓縮氣體能源消耗較大。同時,這種技術存在安全隱患,不適於室內或高密度的停車區域。而將氫在較低壓力下以化學吸收或物理吸附的方法儲存於固態材料中則安全性更高。自 1990 年代始,高效儲氫材料的研發成為能源化學與材料科學的研究焦點,眾多新型氫化物材料先後被開發出來並應用於固態儲氫領域,圖 6-1 展示了具有代表性的儲氫材料及其體積儲氫密度與質量儲氫密度示意圖。

　　金屬氫化物儲氫始於 1960 年代末。美國 Brook Haven 國家實驗室發現鎂鎳合金具有吸氫特性,金屬鎂被發現能形成 MgH_2,其吸氫量高達 7.6%,但反應

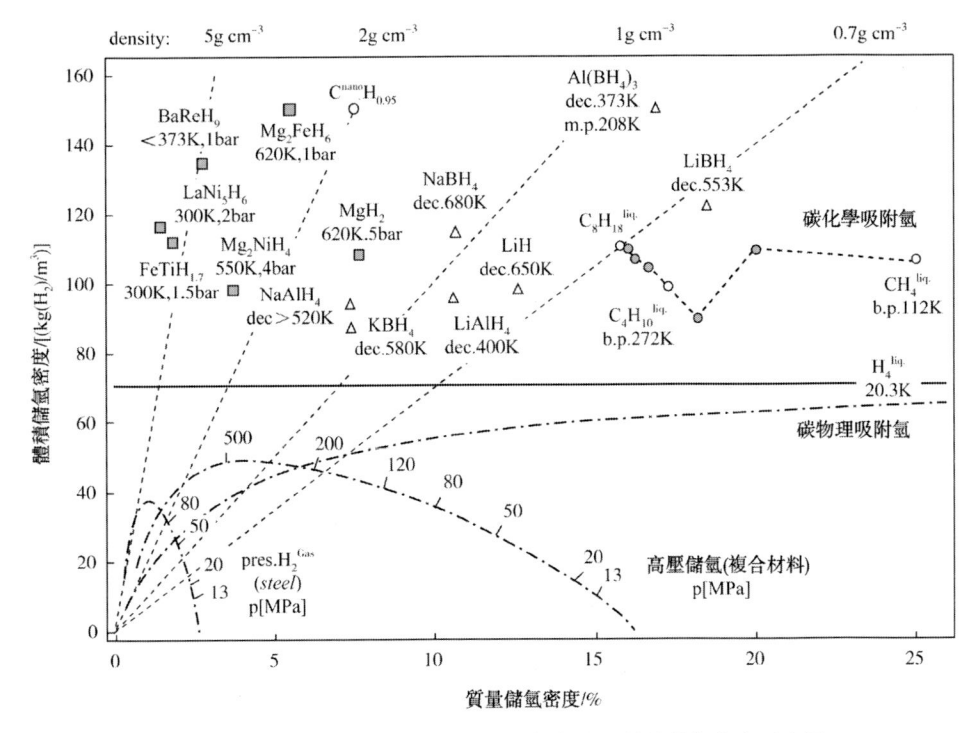

圖 6-1　部分代表性氫化物的體積儲氫密度和質量儲氫密度示意圖

速度較慢。荷蘭菲利普實驗室在研究磁性材料時，也發現 LaNi$_5$ 能大量可逆吸/放氫。1974 年日本松下電器公司發現鈦錳合金具有吸氫能力。國際能源總署(IEA)制定的車載儲氫系統的指標為質量儲氫容量 5% 和體積儲氫容量 40kg/m^3。而傳統的金屬氫化物如 LaNi$_5$H$_6$ 和 FeTiH$_x$ 等雖然可在較低的溫度和壓力下進行氫的吸/脫附並具有較高的體積儲氫容量，但是質量儲氫容量偏低。實際上，氫幾乎可以與元素週期表中的各種元素反應，生成各種氫化物或含氫化合物。前述 La-Ni 系儲氫合金屬於稀土系 AB$_5$ 型儲氫合金，此外，儲氫合金還包括 AB$_2$ 型 Laves 相合金、AB 型儲氫合金(Ti 系合金)、Mg 系儲氫合金等。

6.1.1　稀土 La-Ni 系合金(AB$_5$ 型)

LaNi$_5$ 材料是 AB$_5$ 型稀土系合金的典型代表，其具有 CaCu$_5$ 型六方結構，如圖 6-2 所示，在室溫下即可與 6 個氫原子結合生成 LaNi$_5$H$_6$，具有動力學性能優良、易活化且平衡壓平坦適中，吸/放氫平衡壓差小及抗雜質氣體中毒性好等優點。

○ La 1a(0, 0, 0)

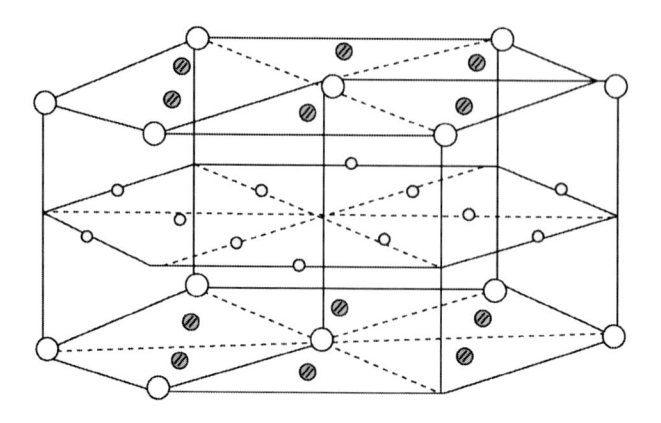

◐ Ni (A位) 2c $\left(\frac{1}{3}, \frac{2}{3}, 0\right)$ $\left(\frac{2}{3}, \frac{1}{3}, 0\right)$

○ Ni (B位) 3g $\left(\frac{1}{2}, 0, \frac{1}{2}\right)$ $\left(0, \frac{1}{2}, \frac{1}{2}\right)$ $\left(\frac{1}{2}, \frac{1}{2}, \frac{1}{2}\right)$

圖 6－2　$LaNi_5$ 晶體結構示意圖

$LaNi_5$ 合金材料在吸氫後，$LaNi_5$ 晶胞體積膨脹約 24％，使 $LaNi_5$ 晶體結構中的 a 軸發生變化，形成畸變的六方晶體結構。氫儲存在八面體間隙內，$LaNi_5$ 吸氫後形成 $LaNi_5H_6$，合金的儲氫量約為 1.4％，在 25℃ 時的分解壓力約為 0.2MPa，所以可以作為近室溫儲氫體系。

很多研究者對以 $LaNi_5$ 為代表的 AB_5 系材料的儲氫性能進行了優化研究，其中最常用的方法是改變合金體系中 A、B 兩側的合金成分。AB_5 型儲氫合金 A 側元素主要包括 La、Ce、Nd、Pr 等稀土元素，B 側的主要元素為 Ni，常用的部分金屬元素取代 Ni 的摻雜元素有 Co、Mn、Al、Fe、Cu、Si、Sn、Zr、V、Mg、Zn 等。研究發現不同的元素含量會對 AB_5 型儲氫合金性能產生不同的影響。下面簡要介紹不同元素在吸脫氫循環中的作用。

（1）La 元素的影響

研究顯示 AB_5 系合金中，隨著 La 元素含量的增大，儲氫合金平臺斜率減小，平臺壓下降，合金晶胞體積增大，電化學容量增加，高倍率放電性能提高，循環壽命降低。在吸脫氫過程中，氫原子通過晶胞體積大的晶格時運動障礙小，氫在合金中的擴散速率高，同時高倍率放電的容量保持率高，所以在高 La 的合金中氫擴散速率高。Suzuki 等人研究顯示，合金的平衡氫壓隨著混合稀土(Mm)中 La 含量的增加而減小，Mm 中 La 含量大於 30％ 時，合金具有較好的室溫性能，Mm 中 La 含量大於 60％ 時，合金具有較好的高溫性能。

(2) Ce 元素的影響

隨著合金中 Ce 含量的增加，合金初始放電容量降低，這是因為合金的晶胞體積減小，從而使合金吸氫量減小。但隨著 Ce 含量的增加，放電循環穩定性得到提高，這是因為 Ce 與 Al 等金屬在合金表面形成氧化物薄膜，延遲了電解液對合金的腐蝕，有效地提高了合金的抗氧化能力，並且 Ce 還可以提高合金的韌性，增加合金的抗粉化能力，進而提高合金的循環性能。另外合金的循環性能也受到晶胞體積的影響，Ce 含量增加，晶胞體積減小，最大吸氫量降低，減小了合金體積膨脹，從而降低合金的粉化速度。但晶胞體積過小由於晶格的畸變又會加速合金粉化。Ce 含量過高會增加合金元素的偏析，使合金的循環穩定性降低。

(3) Nd 元素的影響

隨著 Nd 含量的逐漸增加，儲氫合金晶胞體積減小，但是吸氫量增大、電極容量增大，Nd 含量在 0.2wt% 時達到最大，但是隨著 Nd 含量增加，電極大電流放電性能變差。同時，Nd 含量的增加也可以導致儲氫合金儲氫容量增加、高倍率放電性能提高。

(4) Ni 元素的影響

Ni 在 AB_5 型儲氫合金中起到重要的作用，是儲氫合金中必不可少的一種元素。$LaNi_5$ 的六方晶體結構是由 La 和 Ni 構成交替積層，氫原子進入四面體晶格間位置和八面體晶格間位置，因為兩個位置的能量相等，所以 $LaNi_5$ 材料的放氫平臺壓較為平坦，同時 Ni 元素能夠使穩定的氫化物變得不穩定而提高放電效率，從而增加合金的容量。此外，Ni 元素對鹼液有較高的耐腐蝕性，可以提高合金的壽命，在 $LaNi_5$ 系合金中，只有在很小的範圍內形成均質金屬化合物，如果偏離至富鎳側，產生的富 Ni 相吸氫能力降低，但是抗粉化能力提高。

(5) Co 元素的影響

Co 部分代替 Ni 後能夠降低儲氫合金吸氫後的晶格膨脹，降低了合金的粉化傾向。能夠明顯提高合金電極的循環性能，主要原因是 Co 在改善 AB_5 型儲氫合金中能夠降低儲氫合金的顯微硬度、減小合金氫化後的體積膨脹率進而提高合金的抗粉化能力。在循環過程中，儲氫合金表面形成保護膜，能夠抑制合金表面 Al、Mn 等元素溶出，從而降低合金的腐蝕速率，提高合金電極循環壽命。此外，Co 元素在合金電極中還可以起到催化作用、提高快速充/放電能力、改善電極的活化性能。但是由於 Co 的原料價格相對較高，為了降低合金材料的成本，也可採用其他廉價金屬代替 Co 來製取低鈷或者無鈷合金。

(6) Mn 元素的影響

Mn 原子的尺寸大於 Ni 原子，採用 Mn 元素對 Ni 進行部分取代後，合金晶胞體積增大，起到降低儲氫合金平衡氫壓、減小吸放氫的滯後程度的作用，但是過量摻雜會降低合金的循環壽命。這是由於在充放電循環過程中，合金表面的 Mn 溶於鹼液成為 $Mn(OH)_2$，加快了鹼液對合金的腐蝕，降低了含 Mn 的 AB_5 系儲氫合金的循環穩定性。在合金中加入適量的 Co 元素可以改善含 Mn 合金的抗粉化能力，防止 Mn 元素在鹼液中的溶解，從而改善含錳合金性能。

(7) Al 元素的影響

Al 對 Ni 的部分替代能夠使 AB_5 儲氫合金的平衡氫壓降低，但是隨著替代量的逐漸增加，合金的容量會有所下降，在 $CaCu_5$ 型結構中 Al 原子佔據 3g 位置，所以能夠減小合金吸氫後的體積膨脹和粉化。一方面，含有 Al 元素摻雜的 AB_5 系儲氫合金，在電解液中容易在合金表面形成一層緻密的氧化膜，防止合金被進一步腐蝕，所以 Al 對 Ni 的摻雜替代可以提高合金的循環穩定性。另一方面，氧化膜阻礙氫原子進入合金的內部，並且降低了電極的催化作用，導致合金的吸放氫速度降低。

(8) Si 元素的影響

AB_5 系合金中 Si 元素對其循環性能影響較大，隨著 Si 元素的含量增加，循環穩定性得到改善，但是同時也減小了合金的放電容量，Si 能夠減小合金的粉化速度和吸氫膨脹，在合金的表面 Si 也可以形成緻密的氧化膜，起到防止合金被腐蝕的作用。Si 對 Ni 的替代可以提高合金的循環穩定性，但是含 Si 合金的放電容量卻不高，並且會導致合金電極輸出功率的降低。

(9) Fe 元素的影響

Fe 與 Co 的物理和化學性質相類似，在合金中 Fe 與 Co 有相似的功能，可改善合金的循環性能，動力學性能也得到提高，氫擴散係數同時也增大，並且 Fe 的價格低廉，所以 Fe 替代 Co 的研究受到重視。Fe 部分替代 Ni 時，Fe 佔據 $CaCu_5$ 晶格中的 3g 位置和部分 2c 位置，這與 Co 相似。Fe 的添加能夠使儲氫合金的平衡氫壓降低，合金的容量會有所下降，能夠抑制合金吸氫膨脹和粉化，但是 Fe 容易鈍化，從而降低合金電極的高倍率放電性能。

此外，在 La－Ni 體系儲氫合金中還存在許多非化學計量比的成分。非化學計量比儲氫合金是指 A、B 組分的比例不是按照化學計量配比的合金，即在 A、B 比例上不足或過量所形成的合金。圖 6－3 是 La－Ni 體系富 Ni 部分的相圖，從圖中可以發現 La－Ni 系由不同種類的化合物組成，在溫度為 995～1350℃時，

LaNi$_x$區域存在一個非化學計量比固溶區,仍保持著CaCu$_5$型六方晶體結構,該系列非化學計量比合金所形成的特殊組織結構,在吸放氫穩定性、反應動力學、電催化反應等方面也表現出一些優異的性能特點。綜合來看,AB$_5$系稀土儲氫合金憑藉著良好的熱力學和動力學性能,具有較高的應用價值。

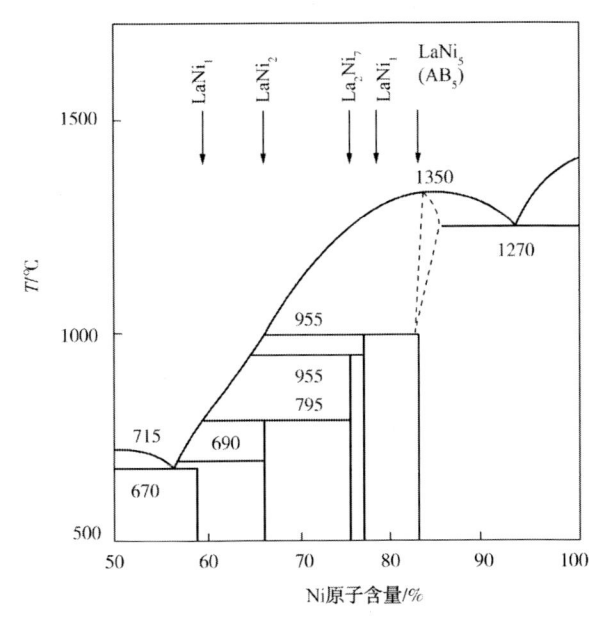

圖6-3 La-Ni體系富Ni部分的相圖

6.1.2 Ti系合金(AB型、AB$_2$性)

TiFe合金具有立方體CsCl結構,其晶體結構如圖6-4所示,其原料成本要遠遠低於上面介紹的LaNi$_5$合金。在Ti-Fe系儲氫合金中,每個晶胞由三個扁平的八面體空隙構成。其中,單個八面體空隙又由四個不標準的四面體空隙組成,而每個四面體空隙都是由兩個A原子和兩個B原子構成,是經典的AB型儲氫合金的構架。TiFe合金的儲氫量約為2%,經過活化後的TiFe合金在近室溫條件下可以可逆吸放氫,這很接近實際應用的要求,同時TiFe合金具有原料成本低廉、儲量豐富的優勢。TiFe合金的缺陷主要有活化溫度較高、抗雜質氣體中毒能力差、循環穩定性較差等。為了進一步提高TiFe合金的儲氫性能,從1970年代開始,科學研究人員對TiFe合金進行了大量研究,主要集中在多元合金化上。例如使用Mn元素部分取代Fe能顯著改善合金的活化性能,合金在室

溫下也能吸氫。當 Fe 被 Co 或 Ni 部分取代後，合金的吸放氫平臺壓力變化明顯，但平臺斜率基本保持 1％不變。Ni 的加入能改善 TiFe 合金的動力學性能；採用 Cr 元素部分取代 Fe 會導致第二相的產生，合金的活化性能得到提升的同時吸放氫平臺壓力也有所降低。

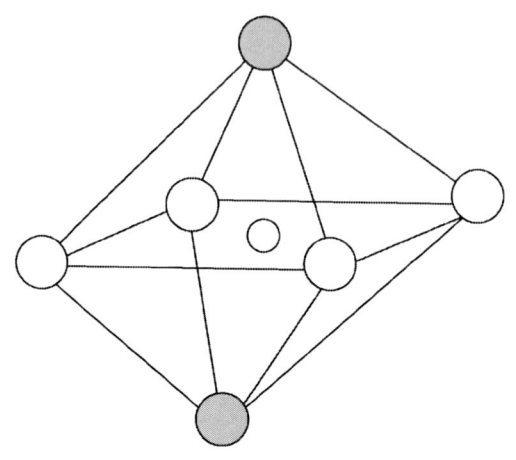

圖 6－4　TiFe 合金的晶體結構示意圖
●－Fe；○－Ti；o－H

Ti 基 AB$_2$ 儲氫合金主要由 TiCr$_2$ 和 TiMn$_2$ 儲氫合金發展而來，這類合金的儲氫量接近 2％，具有吸放氫性能良好、活化性能良好、原料成本低廉等優勢，自發現以來就受到了很大的關注。以 Ti－Mn 合金為例，其二元合金相圖如圖 6－5 所示，可以看出具有典型 Laves 相結構的 TiMn$_2$ 金屬間化合物在液相線以下穩定存在，但有的文獻報導 Ti 和 Mn 形成為非定比的金屬間化合物，其中 TiMn$_{1.5}$ 為另一種典型的 Ti－Mn 二元化合物。Ti 和 Mn 的原子比在 1～2 均可成為金屬間化合物。

為了改善 Ti－Mn 合金的吸放氫特性，對該體系的改性研究主要採用第三元素添加的方式對 A 側 Ti 元素和對 B 側 Mn 元素比例進行調整，並開發出了一系列新型 AB$_2$ 型儲氫合金。Ti 與氫結合可以形成兩種穩定的化合物 TiH 和 TiH$_2$。這兩種化合物在通常情況下較為穩定，放氫分解溫度較高。對 A 側 Ti 元素的改性主要是用 Zr 部分取代合金中的 Ti 元素。Zr 可以改變氫和金屬的結合力，從而改善合金的儲氫能力。調節合金中的 Ti/Zr 比可以控制合金的平衡壓力，隨著合金中 Zr 含量的增加，Ti/Zr 比降低，平衡壓降低，儲氫量略微增加，但滯留在合金中的氫含量也隨之增加。這是由於鋯對氫的結合力大於鈦，因而吸氫時可以形成更多的穩定氫化物所致。

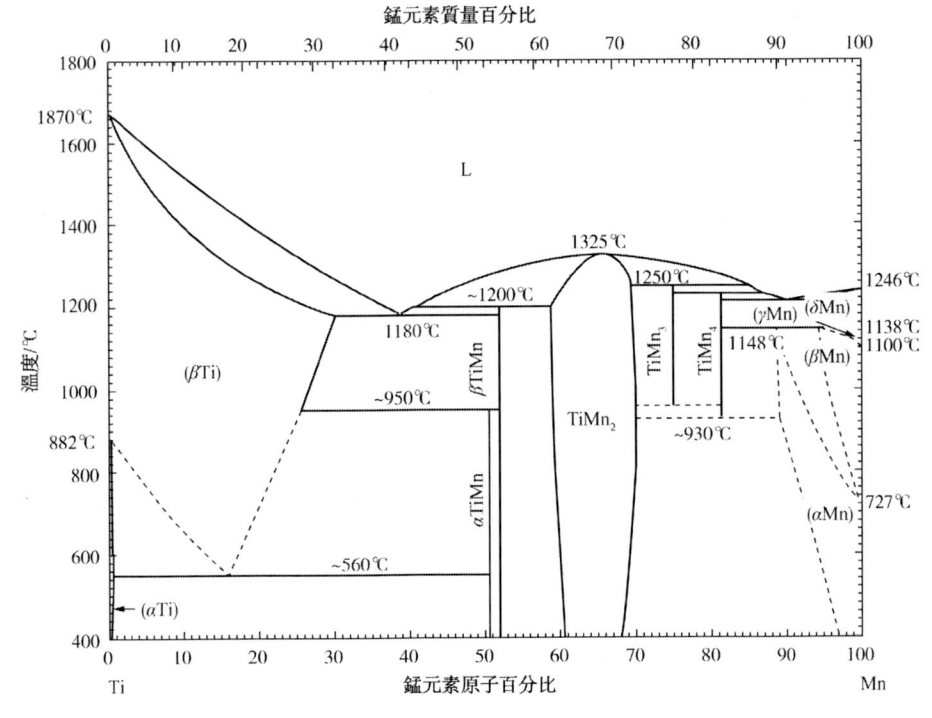

圖 6-5 Ti-Mn 體系的二元合金相圖

在 TiMn 合金的 B 側組分摻雜研究中，Cr、Fe、V 等元素的改性效果較為明顯。Cr 在週期表中位於 Ti 和 Mn 之間，其原子半徑分別小於 Ti 和 Mn 元素的原子半徑。採用 Cr 部分取代 Mn 元素後，將在合金晶格中形成較大的空隙，有利氫原子的進入，有助於改善合金的吸放氫性能，使合金活化的孕育期縮短，吸放氫速率增加，放氫量也有一定量的增加。同時 Cr 部分取代 Mn 後，合金的離解壓隨 Cr 摻雜含量的增加稍有提高，平臺區大小無顯著變化。Fe 元素本身並不能吸氫，但當 Fe 與 Ti 形成前述的 TiFe 合金時就可以作為儲氫材料而進行吸放氫。Fe 元素的引入可以改善氫和金屬的結合力，改善 TiMn 合金的儲氫性能。但 Fe 元素的引入，也會使 TiMn 合金的活化性能變差，滯後性變大，平臺壓力升高，儲氫量減小，而且合金的加工性能變差。此外，Co、Cu、Mo 等金屬的引入也可以改善合金的 $P-C-T$ 曲線平臺性能，使吸脫氫曲線趨於平坦，但合金的質量儲氫比降低，而且容易使合金的平臺壓力升高。Ni 等元素的引入可以改善合金的活化性能，在室溫下即可活化，迅速吸氫。

6.1.3 Mg 系合金

　　Mg 系儲氫材料因其理論儲氫量大、原料成本低等優勢成為儲氫材料研究領域的焦點。鎂的理論質量儲氫密度為 7.6%，理論體積儲氫密度為 110kg/m³，鎂資源儲量豐富，原料成本相對較低，且吸脫氫循環性能好。但是，鎂與氫形成的離子鍵具有很強的相互作用，因此 MgH_2 具有很高的熱力學穩定性，其反應過程如式 6-1 所示。此反應為可逆反應，當反應正向進行時為吸氫，此時是放熱反應；當反應反向進行時為放氫，是吸熱反應。改變反應溫度或壓力可以使反應循環進行，從而實現循環吸放氫。Mg/MgH_2 的吸脫氫焓值 $\Delta H \approx 74.4 kJ/mol(H_2)$，熵值 $\Delta S \approx 135 J/K \cdot mol(H_2)$。通凡特荷夫方程式計算可知，當溫度達到 290℃時，MgH_2 儲氫體系的放氫平臺壓力才可達一個大氣壓。實際操作過程中，為了獲得合理的吸脫氫速度和高的吸/脫氫氫量，一般要求純氫化鎂的操作溫度要高於 350℃。因而，面向實用化要求，為了優化 MgH_2 儲氫體系的吸脫氫動力學性能和吸脫氫操作溫度開展了大量的研究工作，主要有合金化法、奈米化法和摻雜催化劑改性法等。

$$Mg + H_2 \rightleftharpoons MgH_2 \qquad (6-1)$$

　　合金化法是向 Mg 系材料中添加其他合金元素形成多元合金，該方法是目前較常見的改性方法之一。典型的合金體系有 Mg-過渡金屬（Ni、Cu、Fe、Co、Ti、V 等）系、Mg-稀土（Y、La、Nd 等）系、Mg-Al 系等。過渡金屬元素可促進 H_2 分子分解為 H 原子，降低材料活化能。此外，過渡金屬有一個未完全填充的空 d 電子軌道，很容易與氫原子相互作用，從而削弱 Mg-H 鍵結合力。稀土元素可形成具有催化作用的稀土氫化物並促進組織細化，從而顯著提高材料的儲氫性能。而過渡元素和稀土元素複合添加時的催化性能優於只添加其中一種，為了既保持高理論儲氫量又改善材料的儲氫性能，即向鎂中同時添加兩種或多種微量合金元素形成富鎂多元合金體系。劉江文等用電磁感應真空熔煉法製備了 $Mg_{94}Cu_4Y_2$ 材料。該合金在 553K 下，60min 內的吸氫量達到 5.5%；在 623K 下，30min 內基本完全脫氫，放氫量達到 6%左右。Siarhei 等對溶體快淬法製備的 $Mg_{80}Ni_{10}Y_{10}$ 和 $Mg_{90}Ni_5Y_5$ 條帶狀合金吸/放氫性能進行了比較研究，發現當溫度在 300℃以下時，$Mg_{80}Ni_{10}Y_{10}$ 合金的脫氫速率明顯高於 $Mg_{90}Ni_5Y_5$ 合金，這是由於元素 Y 和 H 反應形成穩定的 YH_3 相，對 Mg 的氫化反應具有催化作用。活化後的合金 $Mg_{80}Ni_{10}Y_{10}$ 在 280℃下的吸氫量約為 5.3%。李志念等人通過機械合

金化法製備的 $Mg_{20}NiY$ 合金具有優異的吸氫動力學指標,該合金在 250℃下,40min 內的吸氫量達到 5.06%,這主要歸功於 Mg_2Ni 相與 YH_3 相的協同催化作用,同時由於機械合金化形成的活性表面和缺陷為 H 原子的擴散提供了更多的路徑,減少了擴散的時間和距離。

奈米化法是指以某種方式減小儲氫合金的顆粒尺寸使其製備成奈米顆粒。理論研究顯示,當顆粒尺寸降低到奈米級別後,材料的總能量將會向正向改變,進而改善了材料的熱力學性能,特別是材料的吸/放氫溫度較未經過奈米限域的材料明顯降低。另外,材料奈米化可以增加顆粒的比表面積,縮短氫原子的固態擴散距離,削弱氫擴散隔離層 MgO 層的厚度,提高吸放氫速率。因此,奈米化改性能同時優化儲氫材料的熱力學性能和動力學性能,是改善儲氫材料性能的重要方法。Zaluska 等人採用機械球磨法製備得到奈米晶 Mg,儲氫量達到了 6%。機械球磨法能改善鎂基合金的吸放氫動力學性能是由於機械球磨過程可細化合金顆粒,增大比表面積,產生大量活性表面,從而提高吸/放氫速率。此外,高能球磨過程也使合金晶體結構向奈米晶態和非晶態結構轉變,產生新晶界和晶粒,增加晶介面積,為合金中 H 原子的擴散提供了大量的低擴散活化能位點,同時,因為晶界周圍的氫原子聚集遠高於非晶體態結構和晶粒內部區域,所以還能提高合金的儲氫量。球磨過程導致合金結構的改變,合金中內部應變能隨之增加,從而降低金屬氫化物的穩定性,促進放氫過程的進行。

奈米化過程雖然可以顯著改善鎂基儲氫合金的儲氫性能,但仍不能滿足大規模實際應用的需求。由於純 Mg 對 H_2 分子的分解能力差,因此摻雜催化劑是改善鎂基儲氫合金熱力學和動力學性能的重要途徑。向鎂中引入催化劑組元,能增加反應體系的活化位點,既可以保持鎂基儲氫合金較高的儲氫量,又能改善其熱力學與動力學性能。目前發現的有效的催化劑主要包括過渡金屬元素及其氧化物、過渡金屬鹵化物、非金屬材料等。Liang 等人採用球磨方法將 5% 過渡金屬(Ti、V、Mn、Fe、Ni)摻雜到 MgH_2 中,研究發現,溫度低於 250℃時,添加 V 的材料吸/放氫動力學性能最好,並且顯著降低了 MgH_2 的放氫活化能。Dehouche 等採用高能球磨法在 MgH_2 體系中摻雜了過渡金屬氧化物(TiO_2、V_2O_5、Cr_2O_3、Mn_2O_3、Fe_3O_4、CuO 等),通過比較過渡金屬氧化物對 MgH_2 吸/放氫過程的催化效果,發現多價態的過渡金屬氧化物的催化作用明顯優於單一價態的過渡金屬氧化物。如 Cr_2O_3 摻雜材料的吸氫動力學性能最好;V_2O_5 和 Fe_3O_4 摻雜材料的放氫動力學性能最好,脫氫速度最快。多價態的金屬氧化物提高了其

與氫分子之間的電子交換反應，從而加速了氣固反應的進行。Zhang 等人將 BaTiO$_3$ 作為催化材料與 MgH$_2$ 球磨混合，所得到的複合體系無須活化即可實現室溫加氫，起始脫氫溫度也大幅降低（100℃），改性體系的熱力學性能並未發生明顯變化，脫氫動力學得到顯著改善，且體系具有很好的循環穩定性，性能衰減均小於 0.015％。進而採用鹼金屬氫化物與二氧化鈦混合球磨的方式可以製備還原型黑色二氧化鈦，形成了多價態的鈦物種和氧缺陷，具有優良的 MgH$_2$ 催化活性，複合體系室溫即可吸氫，240℃即可完全脫氫。

鎂系儲氫材料是目前較具潛力的儲氫材料之一，雖然其熱力學性能穩定和動力學性能差導致吸/放氫溫度高、速度慢以及合金顆粒團聚結塊造成循環性能差等問題仍未得到徹底解決，但近期的大量研究工作展示了該體系較好的應用前景，尤其是近期中國科學家在規模化製備及應用方面取得較大突破，推動了鎂系儲氫材料的實用化進程。

6.1.4　V 系合金

元素釩（V）具有體心立方（BCC）結構，當 V 吸收微量 H 時，生成的含氫固溶相（α 相）具有體心立方結構；繼續吸氫可依次形成具有體心四方結構（BCT）的單氫化物 VH（β 相）和具有面心立方結構（FCC）的二氫化物 VH$_2$ 相（γ 相）。該體系氫化反應過程中的氫原子多占據四面體間隙位置，一個晶胞有十二個四面體間隙，如果氫原子占據所有的四面體間隙，那麼 V 的理論儲氫量高達 3.8％，金屬 V 與氫反應室溫下就能發生反應，不同溫度下氫在 V 中的溶解度不同。V—H 對應的 PCT 曲線上有兩個平臺，如圖 6-5 所示。圖中低平臺對應的是固溶體 α 相和氫化物 β1 相（V$_2$H 低溫相），溫度為 80℃時，P_1 為 0.1Pa；高平臺對應的是氫化物 β2 相（VH）和 γ 相（VH$_2$），代表著氫化物吸氫至完全飽和的相轉變過程，溫度為 13℃時，P_2 為 0.1MPa，所以常溫下的 V 基合金吸放氫 PCT 曲線中僅出現一個平臺，即圖 6-6 中的高平臺。

V 系儲氫合金具有較高的儲氫密度、常溫下快速吸/放氫和電化學容量高等優點，同時在同位素氣體分離、核反應堆處理氫的同位素、脫氫催化劑等領域受到廣泛的研究和關注。但是該合金系仍存在有效儲氫量偏低、單氫化物過於穩定、活化性能欠佳、循環穩定性差等不足。微量元素的添加或替代對 V 系合金的儲氫性能影響很大，元素 Ti 與 V 以任意比例完全固溶。One 等人發現 Ti—V 二元合金與單質 V 的點陣結構變換相同。日本名古屋大學的 Yukawa 等人對 V

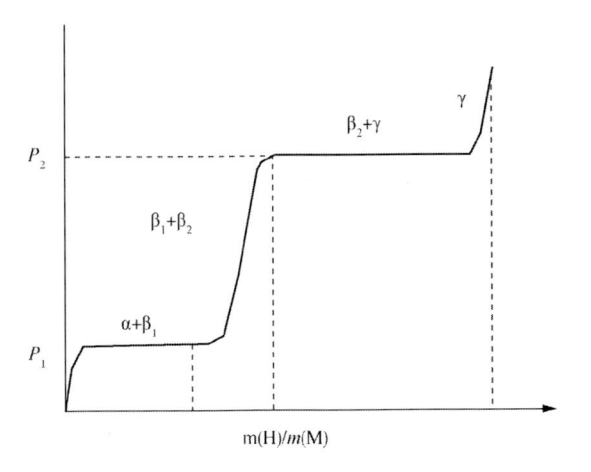

圖 6－6　V－H 體系的 PCT 曲線圖

與不同含量過渡族合金元素的單氫化物 VH(β 相)和 VH$_2$ 相(γ 相)穩定性進行了研究。γ 相的穩定性會因為少量的過渡族元素的加入而改變，並且系統地隨著加入元素的週期率而有規律地變化，在同一週期中，γ 相的穩定性會隨著加入元素原子序數的增加而先降低後升高，合金元素同樣也會影響 β 相的穩定性。其中 V－3%(莫耳)Ti 在 313K 下僅存在一個放氫平臺，有效儲氫量約為 1.0H/M。由於二元 Ti-V 合金的儲氫量低，難以直接進行應用，所以向合金中添加了第三種元素。從動力學角度，為保證固溶體合金吸氫反應在室溫下快速進行，選擇與 Ti 原子半徑差在 5% 以內的第三種原子加入，典型的三元 Ti－V－M 合金有 Ti－V－Fe、Ti－V－Cr、Ti－V－Mn、Ti－V－Ni 等。

6.2　鎳氫電池電極材料

　　鎳氫電池(Ni－MH battery)是一種性能良好的蓄電池，因其突出的性能和現實意義被廣泛研究，並且作為鎳氫二次電池的重要應用在電池領域占有一席之地。自從 1960 年代由 Stanford Robert Ovshinsky 發明至今，鎳氫電池作為氫能源應用的一個重要方向越來越被人們注意，並在許多細分領域占有較大市場。鎳氫電池可以說是鎳鎘電池技術(Ni－Cd)的延伸，其中使用了由儲氫材料製成的電極代替鎘電極。這種技術更迭在不顯著改變電池設計的情況下消除了鎘汙染，比當時常見的鎳鎘電池有了很大的改進，因為它們具有更高的能量密度、更長的

循環壽命、更好的過充/過放電耐受性和更好的環境兼容性。鎳氫電池的正極活性物質為 Ni(OH)$_2$，負極活性物質為金屬氫化物。鎳氫電池是利用儲氫合金吸/放氫的特性而研製的具有優良性能的二次電源，是具有能量密度高、無記憶效應、無汙染等優點的綠色電池。本節主要對鎳氫電池的原理及氫儲能新材料在其電極材料中的應用加以介紹。

6.2.1 鎳氫電池的工作原理

鎳氫電池系統主要由外殼、負極、正極、電解液、隔膜、絕緣蓋板組成，其中的負極由儲氫合金作為活性物質，負極採用 Ni(OH)$_2$/NiOOH，電解液是濃度為 6mol/L 的氫氧化鉀水溶液。電池工作原理如圖 6-7 所示，充電的時候，負極發生水分解反應，合金表面吸附氫，生成氫化物；正極發生 Ni(OH)$_2$ 轉變為 NiOOH 的反應。放電過程是以上反應的逆過程，即負極合金脫氫，在表面生成水，正極發生 NiOOH 轉變為 Ni(OH)$_2$ 的反應。

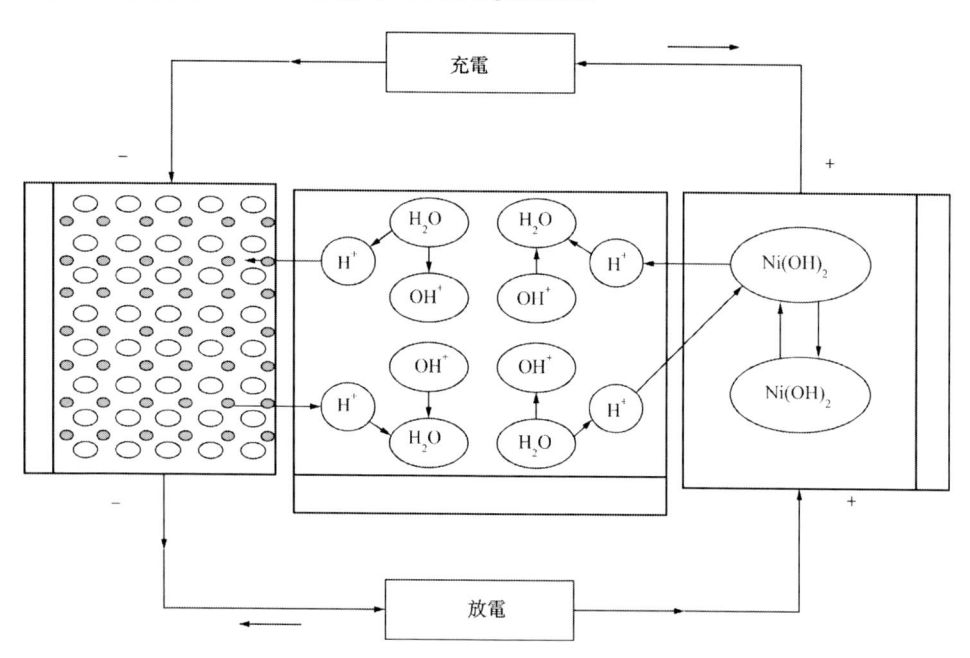

圖 6-7 鎳氫電池工作原理示意圖

在該體系中，儲氫合金主導著鎳氫電池的功率和壽命，並且決定了電池的電化學性能。在鎳氫電池的正極和負極分別發生以下電化學反應。

第6章　氫儲能新材料

正極：$\quad Ni(OH)_2 + OH^- \rightleftharpoons NiOOH + H_2O + e^-$ （6-2）

負極：$\quad M + H_2O + e^- \rightleftharpoons MH + OH^-$ （6-3）

因此，總反應過程可以由下式表示：

$$Ni(OH)_2 + M \rightleftharpoons NiOOH + MH \quad (6-4)$$

上式中的 M 為儲氫合金，MH 為金屬 M 的氫化物。整個反應的關鍵在於形成金屬氫化物的負極材料，也是該領域所研究的重點所在。為了更好地理解鎳氫電池的充放電過程，可將可逆反應(6-3)分解為以下幾個步驟：

$$M + H_2O + e^- \rightleftharpoons MH_{ads} + OH^- \quad (6-5)$$

$$MH_{ads} \rightleftharpoons MH_{abs} \quad (6-6)$$

$$H_{abs} \rightleftharpoons MH \text{ hydride} \quad (6-7)$$

$$2MH_{ads} \rightleftharpoons M + H_2 \quad (6-8)$$

$$MH_{ads} + H_2O + e^- \rightleftharpoons M + H_2 + OH^- \quad (6-9)$$

上式中的 MH_{ads}、H_{abs} 表示合金表面吸附的氫和在固溶體中吸附的氫。氫的吸附/解吸、氫的擴散和金屬氫化物的生成/分解的步驟可以用反應式(6-5)、式(6-6)和式(6-7)來表示。在充電過程中，首先由式(6-5)產生氫，稱為 Volmer 反應。在金屬/金屬氫化物電極集流器上施加電壓（相對於對電極），電子通過集流器進入金屬，以中和發生在金屬/電解質介面的水分裂產生的質子[如圖6-8(a)所示]。

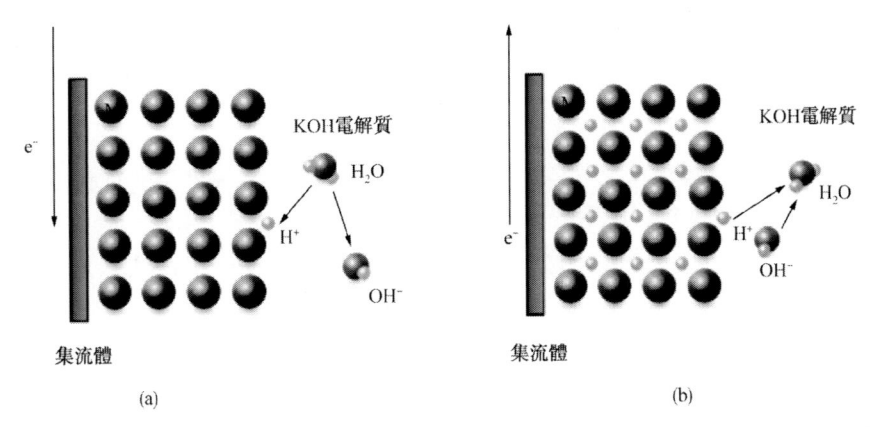

圖6-8　金屬氫化物在鎳氫電池系統中充電(a)和放電(b)過程中的電化學反應示意圖

在放電過程中，產生的氫要麼以固溶體的形式進一步被合金吸收，開始析氫反應，即 Tafel 反應。金屬氫化物中的氫質子離開表面，並與鹼性電解質中的 OH^- 重新結合形成 H_2O，電荷中性將電子從 MH 中推出，通過電流收集器，在附加的電路中產生電流[如圖 6-8(b)所示]。

從上述反應不難看出，在反應的初始階段，合金在表面通過電解水來得到並吸收氫原子，隨後氫原子與合金反應形成金屬氫化物儲存在合金內。部分被電解的氫有可能相互結合在一起形成氫氣。這些反應式同時也可以通過圖 6-9 所示的充/放電循環過程來直觀展現。

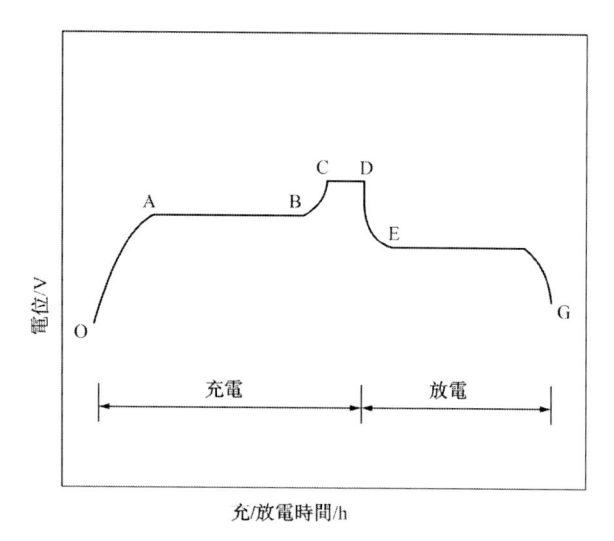

圖 6-9　儲氫合金充放電曲線示意圖

在圖 6-9 的 OA 階段，合金電極的電位明顯隨時間或氫含量的變化而變化，該階段形成的固溶體稱為 α 相。隨著反應的進行進入 AB 階段，這段時間內合金電極的電位保持不變，不隨著氫含量的增加而增加，而且這一恆定的平臺區域顯示 α 相在向金屬氫化物轉變，這種氫化物被稱為 β 相。這種轉化並不是恆定的，在 BC 段曲線再次傾斜，說明 α 相與 β 相的轉化結束。隨著充電時間的進行，再次出現一個與氫反應過程相對應的平臺區域，這顯示電極的電荷達到飽和狀態。與充電反應相反，放電反應中 β 相被分解為 α 相。由此可見，儲氫合金的電化學性能並不是僅由電極表面的電荷轉移反應速率決定，而是受包含兩相共存階段、氫在吸/放態之間的轉移速率以及氫在合金電極表面和內部之間的擴散等多重因素的影響。

6.2.2 電極材料研究進展

在鎳氫電池（Ni－MH$_x$）中，金屬氫化物（MH$_x$）電極應能夠可逆地吸脫氫，同時具有極低的自放電效應。迄今為止，已經開發了多種可逆吸脫氫的金屬合金材料用於鎳氫電池富集材料，包括 AB$_5$、A$_2$B、RE－Mg－Ni、AB、A$_2$B 以及基於 V 和 Mg 的合金材料等，每種合金呈現不同的晶體結構和充放電性能，各體系典型合金材料列於表6－1中。

表6－1　各體系典型合金氫化物材料

性質	AB$_5$	A$_2$B	AB	AB$_2$	AB$_3$
典型材料	LaNi$_5$	Mg$_2$Ni	TiFe	TiMn$_2$	LaNi$_3$
結構	六方	立方	立方	六方/立方	斜方
氫化物	LaNi$_5$H$_6$	Mg$_2$NiH$_4$	TiFeH$_2$	TiMn$_2$H$_2$	LaNi$_3$H$_5$
溫度/℃	室溫	200	近室溫	近室溫	近室溫
儲氫量/%	1.43	3.8	1.75	1.7	1.2

具有可逆儲氫性能的金屬間化合物是有序的化學計量化合物，通常由兩種金屬組分 A 和 B 形成。組分 A 容易形成穩定的氫化物，組分 B 不形成穩定的鹵化物，但通常具有多種協同效應。組分 A 和 B 可以完全或部分地被具有相似尺寸和化學性質的元素取代。用其他元素替代成分 A 或 B 會改變合金的性能，從而優化其綜合性能。

最常見的 A 位取代元素是稀土（RE）金屬。RE 元素的影響主要基於 MH$_x$ 電極的單位電池體積的變化，單位電池體積的減少將導致吸脫氫平臺壓力的增加。在 LaNi$_5$ 合金中，Ce 和 Sm 的影響最大，相似的改善作用也體現在 AB$_3$ 和 A$_2$B$_7$ 合金體系中。B 位取代元素如 Co、Cu、Fe、Mn、Al 與改善合金性能相關，如提高腐蝕穩定性、降低平臺壓力、增加儲氫能力以及改善充放電過程的動力學性能等。

目前，商用鎳氫電池的電極材料較多採用 AB$_5$ 和 AB$_2$ 合金材料。AB$_5$ 合金通常是金屬間化合物，其成分中含有稀土金屬如 La、Ce、Nd、Pr、Y 或它們的混合物以及 Ni 元素。AB$_2$ 合金通常是 Zr、Ti 或 V 的金屬間化合物。此類合金多採用真空感應熔煉法結合特殊退火工藝進行製備，得到的微晶合金化合物相比其他熔煉工藝具有成分可調、雜質少、可連續生產等優點。但該工藝的缺點是製備條件危險、產物需活化，以及多次重熔或高溫下長時間退火所帶來工時長的問題。

通過非平衡加工技術，如機械合金化（MA）或高能球磨（HEBM）形成奈米晶體結構，可以顯著改善金屬氫化物的氫化－脫氫性能，甚至無須活化。

表6-2對常用氫化物電極材料用於Ni-MH$_x$電池的性能參數進行了梳理，如化學儲氫容量和循環壽命等，並與理論儲氫容量進行了比較。值得注意的是，由LaNi$_5$合金製成的電極在第一次循環中達到其最大容量（360mA·h/g），但放電容量在隨後的循環中迅速下降。可通過合金化對合金材料的性能進行改性，以優化其吸脫氫性能。例如，採用Al元素部分替代LaNi$_5$中的Ni可以顯著改善體系的循環壽命，而不會導致容量大幅下降。Al元素富集在晶界上對La形成阻隔，多孔氧化物層保護材料在KOH電解質中免受進一步腐蝕。此外，Co元素的摻雜可以保證負極的長循環壽命。這些電極通常在幾個充放電循環內獲得最大容量，無須任何特殊預處理。LaNi$_5$合金中Mn的替代削弱其穩定性，從而縮短了循環壽命。通常，在LaNi$_5$型化合物的過渡金屬晶格中，可以採用Mn、Al和Co進行部分取代，從而在高氫容量和良好的耐腐蝕性之間尋求最佳的平衡關係。1998年，Iwakura等人通過合成一系列微晶合金MmNi$_{4-x}$Mn$_{0.75}$Al$_{0.25}$Co$_x$（$0 \leq x \leq 0.6$），研究了元素部分替代對儲氫合金的結構、熱磁和動力學性能的影響。由於摻雜所導致晶胞體積的擴大，合金中鈷含量的增加穩定了生成的氫化物，並在不降低放電容量的情況下提高了循環性能。

表6-2 典型氫化物電極材料用於Ni-MH$_x$電池的性能參數

合金體系	儲氫容量(H/f.u.)	溫度/℃	平衡壓/bar	理論容量/(mA·h/g)
AB$_5$型合金				
LaNi$_5$	6.24	40	25	387
LaNi$_{1.6}$Mn$_{0.1}$	6.21	40	10	386
LaNi$_{0.7}$Al$_{0.3}$	5.85	40	10	370
LaNi$_3$Co$_2$	5.39	40	10	334
LaNi$_1$Cu	5.45	40	10	334
AB$_2$型合金				
ZrCr$_2$	3.8	50	0.01	520
ZrMn$_2$	3.6	50	0.1	480
ZrV$_2$	5.4	50	10^{-4}	750
TiMn$_{1.6}$	2.0	20	12	390
AB型合金				
TiFe	2.0	40	10	515

續表

合金體系	儲氫容量(H/f.u.)	溫度/℃	平衡壓/bar	理論容量/(mA·h/g)
TiCo	1.4	80	0.1	350
TiNi$_{1.1}$	2.0	130	0.2	355
ZrCo	3.0	150	10^{-2}	535
ZrNi	2.8	100	10^{-2}	500

不同的稀土元素通常用於部分替代 La，而 Co、Mn、Al 和某些其他元素用於替代 La－Ni 型系統中的 Ni，以改善 MH$_x$ 電極的電化學性能。過渡元素會影響儲氫合金的氫吸收/解吸平臺壓力，並影響其電化學性能。例如，Co 通常添加到 La－Mg－Ni 基合金中。增加 Co 元素的摻雜濃度和退火處理可以提高 La－Ni 型電極的循環穩定性，然而，當 Co 的量從 $x=0$ 增加到 $x=0.3$ 時，合金電極的放電容量略有下降。在(La，Mg)Ni$_3$ 相上形成 LaNi$_5$ 相提高了 La－Mg－Ni－Co 的循環穩定性。此外，在 La－Mg－Ni－Co－Fe 體系中，Co 與 Fe 的部分取代促進了 LaNi$_5$ 相在(La，Mg)$_2$Ni$_7$ 相上的形成。研究發現 Si 元素的添加導致(La，Mg)$_2$Ni$_7$ 相的減少和 LaNi$_5$ 相豐度的增加，這是由於 Si 傾向於在添加 Si 的 La－Mg－Ni－Co 基電極合金中形成 LaNi$_5$ 相。

一方面，調整 La－Mg－Ni－M 合金中的化學成分可以有效提高合金電極的電化學儲氫性能，相組成的改變是影響這些合金電化學性能的重要因素之一。例如，A$_2$B$_7$ 型相的豐度從 La$_2$Ni$_7$ 合金的 92.3% 下降到 Gd$_{1.5}$Mg$_{0.5}$Ni$_7$ 合金的 60.0%。另一方面，用 Gd 替代 La 的 RE 提高了 MH$_x$ 電極的循環穩定性。此外，元素部分取代還影響了氫吸附動力學，縮短了脫氫過程的時間。

此外，在各種類型的合金氫化物中，鈦系(Ti)合金因其價格適中、製備簡單而備受關注。其中，TiNi 合金具有較低的密度、良好的抗氧化性和顯著的放電容量(240mA·h/g)等優點。此外，TiNi 合金也是傳統的儲氫材料研究體系，其吸氫量高達 1.4H/f.u.。為了進一步提高鈦系合金的電化學容量和循環壽命，szazjek 等人報導，採用 Mg、Mn 或 Zr 分別替代 TiNi 中的 Ni 不僅可以提高放電容量，還可以提高這些電極的循環壽命。他們根據能帶結構計算發現引入的摻雜元素導致價帶寬度減小是性能提高的主要原因。Emami 等人通過部分取代 Ni 研究了 Pd 的影響，Pd 的加入使 TiNi 金屬間合金的穩定性提高，氫化物的穩定性降低，從而使 TiNi 金屬間合金的電化學容量降低。張釗等人採用高能球磨輔助熱處理的方法製備 Cu 元素摻雜的 TiNi 合金，結果顯示改性合金材料的電化學性能提升了一倍，並具有更好的循環穩定性，Cu 元素的引入使合金材料的生成焓降

低，提高了其穩定性，進一步通過能帶結構計算發現，摻雜所導致的價帶寬度擴大是性能提升的主要原因。其他一些用各種改性劑取代 Ni 的研究顯示，Fe、Co 和 Cr 將 TiNi 的電化學容量提高到 400mA·h/g，並具有良好的活化性能。

此外，非化學計量比的儲氫合金由於其特殊的組織結構，在吸放氫穩定性、反應動力學、電催化反應等方面表現出優異性能。Zhang 等人採用機械合金化方法合成了具有非晶相的 Mg 基三元 $Mg_{90-x}Ti_{10}Ni_x$（$x=50$，55，60）合金，其電化學測試顯示，隨著 Ni 含量的增加，合金電極的循環穩定性得到改善，但初始放電容量急劇下降。Han 等人研究顯示，由元素 Mg、Ni 和 Ti 粉末合成的 Mg_2Ni 和 TiNi 複合材料的循環壽命得到了較大改善，循環 150 次後電荷保留率為 55%，但最大容量較低（130mA·h/g）。張釗等人採用機械合金化法合成了一系列富鈦和富鎂的 Ti－Mg－Ni 合金，得出合金的初始放電容量取決於合金中 Mg/Ni 原子比，而不是 Ti/Mg 原子比。通過調變成分比例，實現三元體系內多相協同吸脫氫，克服單一吸氫物種所表現出的低電化學容量或循環穩定性差等問題，循環衰減率小於 10%。Anik 等人指出 Ti－Mg－Ni 合金的電荷轉移電阻隨 Ti/Mg 原子比的增大而減小，其原因為表面 Ti/Ti 氧化物的部分選擇性和 Ni 在合金表面的富集。

整體來說，儲氫合金的性能優劣是決定鎳氫電池的性能及商業化可行性的關鍵，以 LaNi 系為代表的稀土合金是目前商用鎳氫電池電極材料的主流選擇。中國稀土資源豐富，占全球儲量的 43% 以上，因此中國鎳氫電池產業的發展具有非常有利的條件。隨著鎳氫電池應用領域的擴大，市場對鎳氫電池提出了更加苛刻的要求，包括進一步提高容量，並提高循環壽命和大功率放電能力，降低鎳氫電池的生產成本等。現在鎳氫電池的應用已經進入一個新的發展階段，鎳氫電池作為動力電源，未來在電動汽車和電子產品上仍有較大的市場空間。

6.3　水解製氫材料

氫化物水解製氫是近幾年迅速發展起來的新的製氫方式。它本身不需要外加能量，一部分氫原子來自化學氫化物，另一部分來自水，這增加了原材料的儲氫含量，同時也實現了氫氣的即需即用，線上製氫。常見的金屬與水或酸可以發生置換反應產生氫氣，但金屬鉀、鈣、鈉等化學活性較高，遇水會發生劇烈反應甚

至燃燒不適合用來製備氫氣，而金屬鐵和鋅的活性相對較低，不太適合大規模應用。金屬鎂和鋁由於產生氫氣的反應條件和反應過程比較溫和，所以更適合作為製備氫氣的材料。此外，常用的水解製氫原料還有 $NaBH_4$、MgH_2、$NaAlH_4$、NH_3BH_3 等，本節對各類用於水解製氫的氫儲能新材料進行了簡要介紹。

6.3.1 硼氫化鈉($NaBH_4$)

硼氫化鈉是一種白色結晶粉末，具有較強的吸濕性，可以在潮濕的空氣中發生分解，在300℃乾燥空氣中穩定，緩慢加熱至400℃會發生分解，而急劇加熱至500℃也會分解。硼氫化鈉溶於水、液氨，微溶於甲醇、乙醇等有機溶劑。$NaBH_4$ 是一種強還原劑，被廣泛應用於各種領域，而硼氫化鈉作為儲氫材料更是近年來的研究焦點，其作為水解製氫材料主要有以下優點：①儲氫量大。$NaBH_4$ 單位體積和質量儲氫容量高，是一種高密度氫源。②產氫純度高。$NaBH_4$ 水解製氫得到的氫氣通常只含有水蒸氣一種雜質。③放氫條件適中。$NaBH_4$ 水解製氫可在沒有額外能量提供的情況下在常溫下進行，甚至在0℃下也可以進行，自發的放熱反應易於控制，製氫裝置相對簡單。④製氫速率可控。通過控制 $NaBH_4$ 溶液的量以及催化劑的使用來控制產氫量及反應的進行，製氫系統可實現自動化控制，氫氣流量和壓力可調。⑤安全無汙染。$NaBH_4$ 不可燃，可常規密封儲存，便於儲存和運輸，反應副產物偏硼酸鈉($NaBO_2$)對環境無汙染，可回收利用，且 $NaBO_2$ 沉澱對 $NaBH_4$ 溶液水解速度的影響可以忽略。

當催化劑存在時，硼氫化鈉可以與水發生反應生成氫氣和偏硼酸鈉($NaBO_2$)。當硼氫化鈉加入適當的催化劑與水反應時，每莫耳硼氫化鈉會放出高達4mol的氫氣，其副產物為偏硼酸鈉，反應式如下：

$$NaBH_4 + 2H_2O \longrightarrow 4H_2 + NaBO_2 \tag{6-10}$$

$$NaBH_4 + 4H_2O \longrightarrow 4H_2 + NaB(OH)_4 \tag{6-11}$$

Holbrook 等人對硼氫化鈉催化水解製氫的機理提出了論述，主要分為幾個步驟，具體反應方程式如下：

$$2M + BH_4^- \rightleftharpoons M-BH_3^- + M-H \tag{6-12}$$

$$M-BH_3^- \rightleftharpoons BH_3 + M + e^- \tag{6-13}$$

$$BH_3 + OH^- \rightleftharpoons BH_3(OH)^- \tag{6-14}$$

$$M + e^- + H_2O \rightleftharpoons M-H + OH^- \tag{6-15}$$

$$M-H + M-H \rightleftharpoons H_2 + 2M \tag{6-16}$$

其中 M 為催化劑，在催化劑的作用下，吸附在催化劑表面的 BH_4^- 失去電子發生氧化還原反應生成 H_2 和副產物，而失去的電子則通過催化劑或載體供給吸附在催化劑表面的水分子，並發生還原反應生成另一半 H_2，催化劑的電子結構和表面狀態很大程度上決定了催化劑與 BH_4^- 的相互作用。

此外，外界條件也很大程度上影響了硼氫化鈉的水解反應，包括溫度、催化劑、鹼濃度、硼氫化鈉濃度、壓力、pH 值等。其中溫度對硼氫化鈉水解反應的影響十分顯著，反應速度隨溫度的增加而增大。提高反應溫度還可以增大水解過程中副產物的溶解度，可以避免反應過程中副產物析出對催化劑產生不利影響。由於硼氫化鈉水解本身是一種放熱反應，可以有效利用反應自身放出的熱量。

目前已被開發用於 $NaBH_4$ 水解製氫的催化劑有很多種類，大致可以分為貴金屬催化劑和非貴金屬催化劑。貴金屬中的 Pt、Pd、Au 和 Ru 基催化劑在催化 $NaBH_4$ 水解製氫中表現出出色的催化活性和高穩定性，但貴金屬由於價格昂貴，從而限制了它們的應用。相比於貴金屬，非貴金屬具有更便宜的價格和更多的儲量。近年來，科學研究人員發現某些過渡金屬催化劑在催化 $NaBH_4$ 水解製氫方面的催化活性有了顯著提高，並達到了類似於貴金屬催化劑的水準。特別是負載型非貴金屬過渡金屬催化劑，它們易於從溶液中分離出來，可以用作活性催化劑重複使用。因此，從經濟角度考慮，採用非貴金屬催化劑用於催化 $NaBH_4$ 水解製氫是非常可取的。

非貴金屬催化劑常以單金屬或合金等形式應用，在催化反應時通過化學還原直接添加到反應體系中。用於催化 $NaBH_4$ 水解的非貴金屬催化劑有金屬鹽催化劑，單金屬催化劑，Co－B 合金及摻雜的 Co－B 合金催化劑，Co、Ni 基催化劑和多元非貴金屬催化劑等。其中，Co 和 Ni 由於成本低且含量高，已成為最常用的非貴金屬催化劑。金屬鹽催化劑中，因為 $CoCl_2$ 與 $NaBH_4$ 反應生成的金屬硼化物（Co_2B）沉澱在水解過程中具有重要作用，所以 $CoCl_2$ 的催化效率最高，$NiCl_2$ 的催化效率一般，而 $FeCl_2$、$MnCl_2$ 和 $CuCl_2$ 的催化效率相比前兩種較低。在單金屬催化劑中，Co 的催化效率遠優於 Ni，而 Mn、Fe 或 Cu 的催化效率可以忽略不計。之後的大量研究證實了金屬氯化物與硼氫化鈉溶液迅速反應生成的黑色金屬硼化物沉澱在催化過程中起關鍵作用，如 Levy 等人發現鈷鹽催化硼氫化鈉水解製氫中，活性組分為鈷的硼化物 Co－B 材料。在用於 $NaBH_4$ 水解製氫的非貴金屬催化劑中，金屬鈷和鎳因成本較低、活性較好而作為主要的活性組分被大量研究。

許多研究發現，如果將奈米顆粒的催化劑直接用於催化 $NaBH_4$ 水解製氫，

那麼奈米顆粒的催化劑因為具有高表面能，在反應過程中會發生嚴重的團聚現象，從而導致奈米粒子的催化活性逐漸降低和可重複使用性差，而且這樣也難以控制製氫的反應速率。但是，研究人員發現在它們之間引入過渡金屬（如Cr、Mo或W）形成原子擴散屏障，製備多元過渡金屬合金催化劑，通過幾種金屬的協同作用也可以大大提升催化劑催化活性。Dai等人通過化學鍍法將Co－W－B和Fe－Co－B合金沉積在鎳泡沫支架上。這種方法是將金屬離子前體與溶液中的還原劑混合，使金屬離子以金屬形式電鍍沉積到基體上。這些催化劑複合體系分別表現出15000mL/(min·g)和22000mL/(min·g)的催化活性。Liu等人通過熱解ZIF－67@葡萄糖聚合物（Co－MOFs@GP），然後部分氧化Co奈米顆粒合成了Co－Co$_3$O$_4$@C複合材料。該催化劑的催化活性為5360mL/(min·g)，該複合體系較高的催化性能歸因於鈷與四氧化三鈷形成了協同效應。Li等人使用Co/Zn－ZIF－8作為前體通過一步還原法製備了CoB/ZIF－8催化劑，該催化劑展現了506mL/(min·g)的催化活性。Mahmood等人報導了用原位溶劑熱合成法製備了二維氮化網路聚合物包覆氧化鈷（CoO@C$_2$N）催化劑，其產氫速率為mL/(min·g)。他們認為高催化活性和高穩定性的根源是由於鈷氧化物奈米顆粒與含大量氮的C$_2$N骨架之間的強相互作用。

NaBH$_4$水解製氫已成為製氫技術中的研究焦點，但要使其成為一種實用的即時製氫方法仍然面臨著較大的阻礙。例如：NaBH$_4$水解製氫的反應機理和動力學表徵還不夠清楚，氫氣的生成還不能夠完全即時按需按量地控制，催化製氫的控制技術還有待成熟，催化劑耐久性及活性下降的理論研究還不充分等，相信隨著理論研究的不斷深入，新型高效低成本催化劑的開發也將助推NaBH$_4$水解製氫產業的發展。

6.3.2 氫化鎂（MgH$_2$）

Mg是地球上儲量較豐富的輕金屬元素之一，價格低廉，密度小，有著優異的儲氫性能，理論吸氫量高達7.6%，高於美國能源部的要求，是所有可逆儲氫材料中最高的。因此，在眾多金屬氫化物中，鎂基儲氫材料MgH$_2$以其多方面的優勢得到了十分廣泛的研究。MgH$_2$一般可以通過熱分解和水解兩種方式重新釋放氫氣。不過在6.1節中已有介紹，MgH$_2$熱分解的放氫焓變較高，導致其需要較高的溫度才能脫氫（理論溫度＞300℃）。與熱分解方式相比，水解具有以下優勢：MgH$_2$自發的放熱反應在室溫下就能發生，所以裝置簡單，無須單獨提供熱

源，實際應用中可以減小燃料電池的體積；放氫量多於熱分解，其中有一半的氫氣來自水；水解產物環境友好並且可以回收再次利用在其他領域。MgH$_2$水解製氫優勢顯著，成為近年來的研究焦點。

Mg和MgH$_2$在常溫常壓下可以與水反應生成氫氣和難溶於水的Mg(OH)$_2$，反應方程式如下：

$$Mg + 2H_2O \longrightarrow Mg(OH)_2 + H_2 \qquad (6-17)$$

$$MgH_2 + 2H_2O \longrightarrow Mg(OH)_2 + 2H_2 \qquad (6-18)$$

MgH$_2$與水的反應可自發進行，放出熱量，理論製氫量高達1703mL/g，不計算水的質量，質量分數達到了15.2%。其中有一半的氫氣來自參與反應的水，所以比單質Mg水解製氫量幾乎多一倍，且水解會產生副產物Mg(OH)$_2$其環境友好，易於處理。但是在沒有添加其他添加劑/催化劑的情況下，水解副產物Mg(OH)$_2$以沉澱的形式存在，並附著在MgH$_2$顆粒的表面，形成緻密鈍化層，阻止其與水的接觸，嚴重限制了水解反應的進一步進行。為了解決這個問題，科學研究人員研究發現在溶液中加入酸鹽，在MgH$_2$中加入金屬氧化物，細化MgH$_2$的顆粒尺寸，或使用超音波震動等方法能有效改善MgH$_2$的水解反應效率。

在溶液中加入酸能夠溶解Mg(OH)$_2$從而達到破壞保護層的目的。Kushch等人對比了分別加入弱酸和強酸時MgH$_2$的水解製氫效果，當分多次加入9.2%的H$_2$SO$_4$時，放氫主要在加入強酸的一瞬間發生。當把檸檬酸粉末和MgH$_2$粉末混合後，分多次加入等量水，發現放氫反應均勻進行。由此可見檸檬酸能夠破壞Mg(OH)$_2$的保護層，使放氫反應持續進行並且檸檬酸價格低廉具有很好的經濟效益。Tayeh等研究了三種強酸H$_2$SO$_4$、HCl及HNO$_3$的影響，H$_2$SO$_4$溶液中的製氫速率和產氫量最高，達到了40%以上，這是由於H$_2$SO$_4$是二元酸並且生成焓高於Mg(OH)$_2$，在水中電離出H$^+$的過程相較於其他兩種酸產生的熱量更多，從而提升了水解製氫性能。

Zhao等將球磨過後的MgH$_2$分別在去離子水和0.5mol/L的MgCl$_2$水溶液中進行水解，結果顯示，MgH$_2$浸在去離子水中時，在最初的3min內氫氣的產生速度很快，但隨後氫氣釋放速度變得十分緩慢。可見Mg(OH)$_2$已經在Mg顆粒表面形成。而當在0.5mol/L的MgCl$_2$水溶液中進行反應時，在最初的3min內，氫氣的產率達到了927mL/g，約為純水環境下產氫速率的5倍，並且50min內的總放氫量達到了1635mL/g。可見MgCl$_2$顯著提升了MgH$_2$的水解性能，這是因為Mg^{2+}在水解過程中起到了催化的作用，其反應方程式如下：

$$MgCl_2 + 2H_2O \longrightarrow Mg(OH)_2 + 2HCl \qquad (6-19)$$

$$MgH_2 + 2HCl \longrightarrow MgCl_2 + 2H_2 \qquad (6-20)$$

$$Mg(OH)_2 + 2HCl \longrightarrow MgCl_2 + 2H_2O \qquad (6-21)$$

進而，Chen 等通過驗證實驗發現，$MgCl_2$ 的加入使得水解產生在 MgH_2 表面附近的 OH^- 優先與溶液中的 Mg^{2+} 結合，而不是顆粒表面新產生的 Mg^{2+} 阻礙了鈍化層的生成，使得水解反應可以連續進行，其反應機理如圖 6-10 所示。

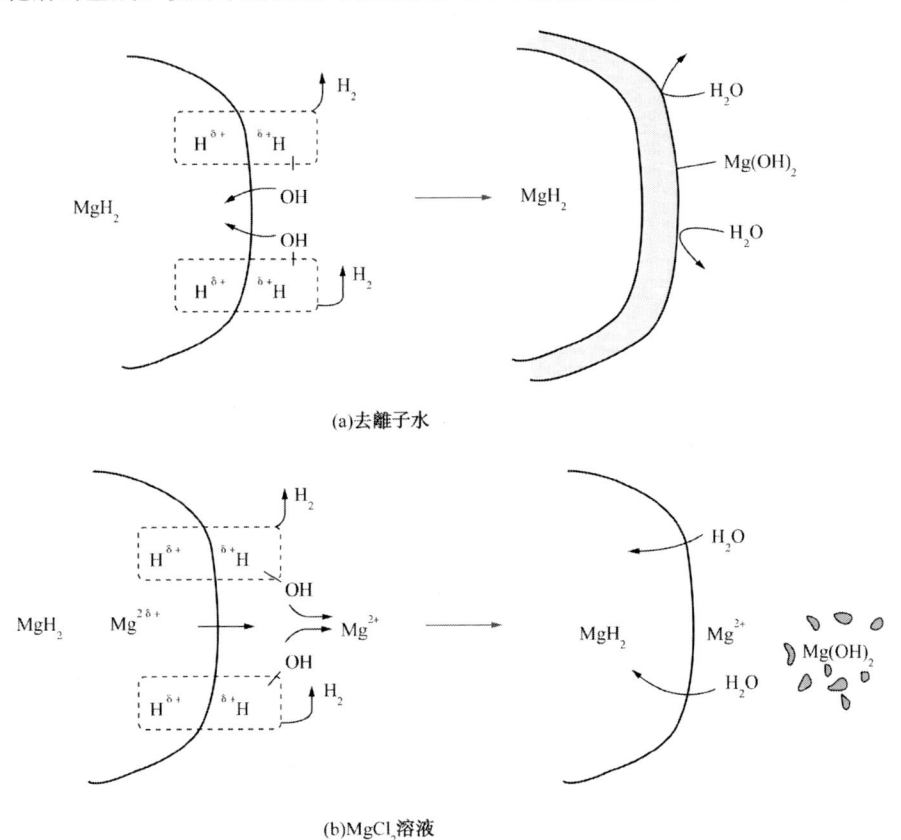

(a)去離子水

(b)$MgCl_2$ 溶液

圖 6-10　MgH_2 與水和 $MgCl_2$ 溶液的水解機理示意圖

添加金屬氧化物同樣可以起到一定的催化水解效果，使 MgH_2 的水解性能得到提升。Huang 等人將 MgH_2 與 5％的金屬氧化物（Fe_2O_3、CaO、MoO_3、Fe_3O_4、Nb_2O_5、TiO_2）混合在一起球磨得到複合粉末，並在 3.5％的 NaCl 水溶液中發生水解反應。結果顯示，除了 CaO 其他的幾種氧化物對 MgH_2 的水解都起到了促進作用。不同的金屬氧化物的水解性能之所以不一樣，是由於它們與 MgH_2 的結合力不同導致的。並且 MoO_3 在球磨過程中具有研磨作用，使得在 Mg 顆粒上產生了大量的新表面和缺陷，從而加快了水解反應的動力學進程。進一步，朱敏教授等採用球磨法製備了添加 10％ Mo、MoS_2、MoO_2、MoO_3 的 MgH_2 複合粉

末，球磨時間為 1h。在 25℃海水中進行水解製氫性能測試。結果顯示以上添加物均能明顯提高 MgH_2 的水解性能。這主要是因為在 Mg 與 Mo、MoS_2、MoO_2、MoO_3 之間形成了微觀原電池，加速了放氫反應。並且電極電位與 Mo 元素的價態有關，價態越高，電極電位越高，所以相比其他含有 Mo 的添加物，MoO_3 表現出最佳的水解性能。此外，降低顆粒尺寸也能夠增大材料比表面積，使得更多的 MgH_2 材料與水接觸發生水解反應，提高水解的動力學，但細化顆粒尺寸通常與添加劑改性或溶液改性等方法聯用，用以配合提高體系的綜合水解性能。

6.3.3　鋁粉(Al)

金屬鋁與鎂類似儲量都極為豐富，具有低成本和輕質的優勢使得其也是水解反應的研究重點。鋁除了含量高和成本低外，還具有很高的水解放氫量(1.245L/g)，並且可以在室溫下(25℃)與水反應，水解反應的副產品可循環利用。鋁是一種活性的兩性金屬，其表面始終覆蓋著一層薄而緻密的氧化物層，這可以阻止鋁在中性條件下與水反應，在不同溫度下 Al 與水的反應如式(6－22)、式(6－23)、式(6－24)所示。

室溫至 280℃　　　$2Al+6H_2O \longrightarrow 2Al(OH)_3+3H_2$　　　　(6－22)

280～480℃　　　$2Al+4H_2O \longrightarrow 2AlOOH+3H_2$　　　　(6－23)

高於 480℃　　　$2Al+3H_2O \longrightarrow Al_2O_3+3H_2$　　　　(6－24)

因此，通過鋁與水的反應釋放氫的關鍵是防止氧化層的形成或將氧化層與水接觸之前破壞。強鹼性或酸性溶液能溶解氧化物層，因此金屬鋁的水解過程可以引入酸和鹼來促進反應產生氫氣。在水溶液中加入 KOH、NaOH 等，可有效腐蝕掉金屬表面的氧化膜，有利於提高製氫轉化率。在這些鹼溶液中，KOH 是最常見，也是最有效的反應促進劑。Al 與 KOH 溶液的反應過程如下所示：

$Al_2O_3+3H_2O+2KOH \longrightarrow 2KAl(OH)_4$　　　　(6－25)

$2Al+6H_2O+2KOH \longrightarrow 2KAl(OH)_4+3H_2$　　　　(6－26)

$KAl(OH)_4 \longrightarrow KOH+Al(OH)_3$　　　　(6－27)

$2Al+6H_2O \longrightarrow 2Al(OH)_3+3H_2$　　　　(6－28)

金屬 Al 表面的 Al_2O_3 氧化膜在 KOH 溶液中，按照式(6－25)發生反應，待到有新鮮的 Al 表面與溶液接觸時，在 OH^- 的作用下，反應按照式(6－26)進行，使得 Al 能繼續水解產氫。當溶液中生成的 $KAl(OH)_4$ 濃度超過其飽和值時，就會開始分解。理論上在該化學反應過程中，KOH 可以得到再生，能再次參與到

製氫反應中去。由此可見，鋁在鹼溶液中反應沒有消耗鹼，只是一個不斷消耗水產生氫氣的過程。這一原理雖能很好地解釋金屬 Al 表面的氧化膜的保護作用，但是反應生成的 Al(OH)$_3$ 沉澱不溶於水，會隨機分布在金屬表面，也在一定程度上阻礙了水解製氫的進行。當然，研究也顯示，隨著鹼液濃度增加，Al 粉的水解製氫速率也會有一定的提升。

除了採用鹼性或酸性溶液來溶解氧化物層，細化晶粒和成分改性也是提高粉末活性的有效手段。由於金屬鋁質軟，具有一定的延展性，鋁粉直接球磨時會隨著球磨時間的成長，團聚成大的球形顆粒，這樣不利於細化 Al 粉晶粒。研究發現，球磨過程中可通過添加一些具有一定硬度的可溶性無機鹽或者金屬鋁陶瓷體系作為助磨劑，以達到消除團聚的目的。Korosh 等詳細研究了機械球磨活化金屬鋁製氫時加入 NaCl 對製氫率的影響。研究發現當 NaCl 添加量大於 76.5％時，製氫轉化率可達 100％，但當 NaCl 添加量減少到 68.4％時，製氫轉化率降到 65％。這正是因為 NaCl 為一種具有硬度和脆性的無機鹽，在球磨鋁粉時，能有效阻止鋁粉晶粒的團聚，達到細化鋁粉晶粒的目的。當鋁粒度變小時，表面不斷被 NaCl 顆粒包裹，這不僅能防止鋁顆粒發生團聚，同時也能夠阻止細小鋁顆粒被氧化。但是值得注意的是，隨著 NaCl 或其他添加物的增加，製氫率會不斷增加，但是由於添加劑是不參加製氫反應的，添加量的增加勢必會降低單位質量的製氫物質的製氫轉化率，也將不利於鋁水解製氫的綜合性能。

6.4　氫同位素分離材料

質子數相同而中子數不同的同一元素的不同原子互稱為同位素。氫一共有三種同位素，分別是氕，其原子核內有 1 個質子，無中子，自然界中的豐度為 99.98％；氘（又叫重氫），原子核內有 1 個質子，1 個中子，豐度為 0.016％；氚（又叫重氫），原子核內有 1 個質子，2 個中子，豐度為 0.004％。其中，同位素氕在自然界中含量最豐富，即我們日常生活中所指的氫。氫能之所以也被譽為人類的終極能源，除了前面介紹的在能源、化工、鋼鐵和燃料電池發電等領域的應用，還有一個重要的原因是氫同位素，也即氘(D)和氚(T)在核融合反應中扮演的重要角色。氘氚融合是目前所能獲得條件下最容易實現的融合反應(如圖 6-11 所示)，核融合所釋放的能量極高且非常環保，隨著化石燃料的供不應求，運

用融合熱核反應提供能源將是一條很有前景的途徑。氘、氚作為熱核融合反應的主要原料，在未來的人類社會將會發揮不可或缺的作用。同時，氘不僅是核融合反應堆的潛在能量來源，而且廣泛地運用於重水反應堆的中子減速劑，有機化學和生物化學中的同位素標記，中子散射技術以及製藥技術和 NMR 材料分析等領域。但氘和氚在自然界中含量非常稀少，屬於重要的國防策略資源，因此，經濟、高效的氫同位素分離研究與應用具有重要意義，本節對氫儲能新材料在該領域的應用進行了介紹。

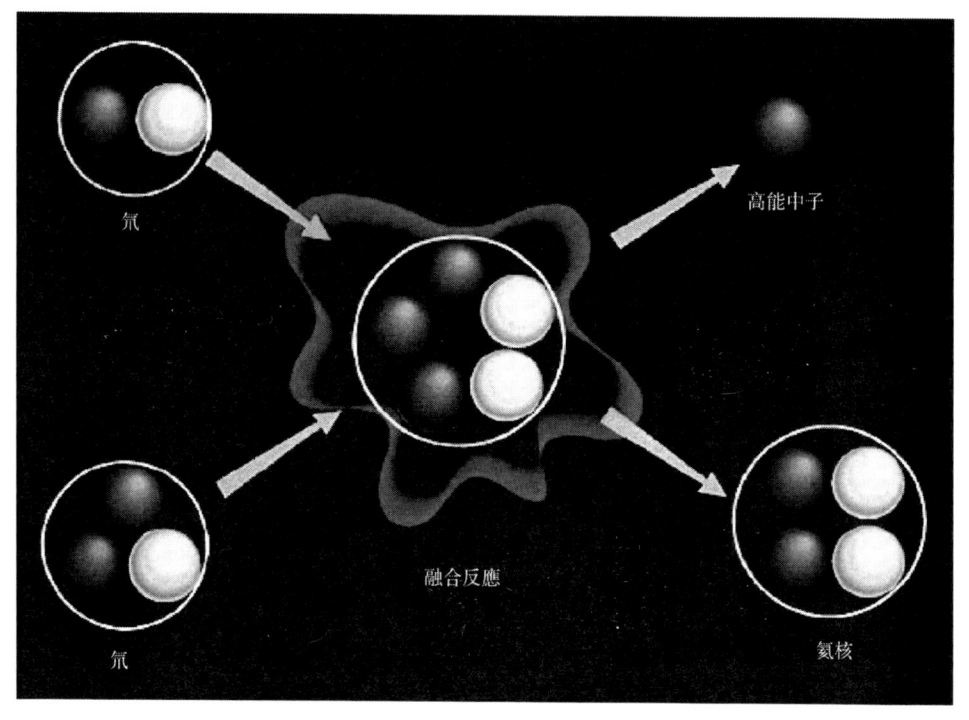

圖 6－11　核融合反應原理示意圖

　　由於氫同位素氘和氚的物理性質和分子尺寸相似、化學性質相同，使得把氘氚從氫同位素混合氣體中分離出來變得十分困難。目前的氫同位素分離方法主要是基於氫同位素各組分物理化學性質的微小差異來實現的，如熱擴散法、熱循環吸附法、低溫精餾法和置換色譜法等。①熱擴散法利用的是流體在設備的兩端溫差較大，不同分子量的氫氣和氘氣具有不同的擴散效應。在熱對流的作用下，重同位素分子氘氣富集在冷區而輕同位素分子氫氣富集在熱區，最終達到分離氫氘的目的。②熱循環吸附法是一種利用同位素效應隨溫度的變化關係、Pd 的氫同位素效應來實現分離氫氘的方法。在分離過程中，Pd 會優先吸附 H 原子，這種

效應會隨著溫度的下降而增強,隨著溫度的上升而減弱。氣體中的同位素分子會與固體中的同位素分子進行置換過程而最終達到平衡狀態。輕的同位素氣體富集在分離柱的一端而重的同位素氣體會富集在分離柱的另一端,最終實現氫同位素的完全分離。③低溫精餾法是大規模分離採用的主要技術,也是氫同位素分離技術中應用最早的技術,適於大規模氫同位素的分離。但是複雜的生產工藝,以及高壓和極低溫操作所帶來的安全隱患等問題使其產品價格相當昂貴。④置換色譜法是將氫同位素氣體充入分離柱,分離柱中填裝了具有氫同位素效應的分離材料,材料吸氫形成一段混合吸附材料段後,充入某種同位素氣體作為置換氣體。由於分離材料具有同位素效應,其他同位素將被置換出來並推向分離柱出口端,隨著置換過程的進行,同位素氣體之間逐漸被分開,最終達到完全分離的目的。置換色譜法因具有設備簡單能源消耗小、分離效率高、產品純度高的優點而得到許多研究人員的關注,是一種很有潛力的氫同位素分離方法。

分離材料是置換色譜法分離氫同位素的核心,但所採用的材料與常規的氣體混合物分離材料有很大不同。常規氣體分離通常採用分子篩進行分離,分離材料的孔大小一定時,只有尺寸小於孔的分子可以通過,這種分離方法用於分離普通氣體是非常高效的。然而氫同位素 H_2、D_2 和 T_2 由於具有相近的動力學直徑、形狀和熱力學性質,傳統的分子篩無法有效分離氫同位素。目前已報導的氫同位素色譜分離材料主要有非金屬吸附劑,金屬或合金和複合金屬氫化物。

活性氧化鋁是常見的非金屬吸附劑材料,由氫氧化鈉在一定溫度和酸鹼度下加熱脫水而得。作為吸附分離材料的活性氧化鋁,主要有 $\gamma-Al_2O_3$、$\eta-Al_2O_3$ 等。活性氧化鋁具有較大的比表面積,很好的熱穩定性和化學穩定性。Yoshinori 等用 $MnCl_2$ 修飾的氧化鋁作為氣相色譜填料,填充長 0.5m、內徑 0.5mm 的微色譜柱分離氫同位素 H_2、D_2 和 T_2 混合氣體,實驗結果顯示在載氣流速 $3.19cm^3/min$、進樣量 $0.1\mu L$ 和柱溫 77K 的色譜條件下,$MnCl_2$ 修飾的氧化鋁對氫同位素 H_2、HD 和 D_2 具有較好的分離效果,H_2、HD 和 D_2 的保留時間分別為 85s、100s 和 130s。但是以活性氧化鋁為色譜分離材料時,得到的色譜峰拖尾嚴重,各組分保留時間偏長;用過渡金屬離子或金屬鹽純化後雖然可一定程度上改善色譜峰拖尾現象和縮短分離時間,但是氫同位素各組分的分離度有待提高。分子篩也是較早應用於氣相色譜填料的材料之一,早在 1970 年代就有文獻報導分子篩用作氣相色譜填料分離混合氣體且能表現出很好的分離效果。分子篩是一種多孔的矽酸鹽或者矽酸鋁鹽沸石材料,具有比表面積大、孔徑均一、孔道

豐富等特點，空腔內有著尺寸均一的微孔。只有分子的動力學直徑小於分子篩內部的孔徑時，才能穿過分子篩從色譜柱中流出且流出時間較短，當氫同位素的動力學直徑大於其內部的孔徑時則出峰時間較長。

金屬有機框架(MOFs)材料是近 20 年來發展迅速的一種配位聚合物，具有三維的孔結構，一般以金屬離子為連接點，有機配位體支撐構成空間 3D 延伸，是沸石和奈米碳管之外的又一類重要的新型多孔材料，在催化、儲能和分離中都有廣泛應用。由於 MOFs 材料可以通過在分子水準上設計來調整孔徑尺寸(增加配體官能團)和開放性的金屬位點，而被用於同位素分離。Oh 等人研究了在多孔框架 Co－MOF－74 中的強吸附點上氫同位素分離和在較低溫度 20～70K 下對於氫氘混合氣體的分離選擇性。在接近 80K 時相比於 H_2 的最大解吸量，D_2 的最大解吸量增大，顯示 D_2 與金屬位點有著比 H_2 更強的相互作用。低於 50K 時，由於吸附同時存在於弱結合點和強結合點，導致選擇性小於 4。而在較高溫度下，吸附主要發生在強結合點，使得選擇性急劇增加，最大選擇性在 60K 時達到 11.8。MOFs 材料用於氫同位素(H_2/D_2)分離時主要基於動力學量子篩分效應(KQS)和化學親和量子篩分效應(CAQS)兩種原理，氫同位素分離時的 KQS 效應主要依賴環境溫度以及分離材料的孔道尺寸，孔道尺寸對於分離起著重要的作用。其次為環境溫度，溫度能明顯改變 H_2/D_2 的分離效率。另一個是化學親和量子篩分(CAQS)效應，在分離材料具有活性金屬位點且具有相對較大孔徑時可以使得 CAQS 效應在相對較高溫度時發揮作用，目前的 MOFs 材料通常在極低溫度下(低於 77K)才具有較好的氫同位素分離性能。

金屬氫化物作為固態儲氫材料的重要分支，也是實驗室用來分離氫同位素比較成熟的技術。一般認為，金屬氫化物同位素效應是由於氫原子占據不同的間隙位置從而引起其振動零點能的變化所造成的。用來研究氫同位素氣體分離的合金吸收劑主要有 Pd－Pt、Pt－Ag、Pd－Y、LaNi 系、Ti－V 系等。不難發現，在金屬基分離材料中，金屬鈀(Pd)及其合金材料是研究應用最多的分離材料，Pd 晶格為面心立方結構，每個晶胞由 4 個 Pd 原子組成，有 4 個八面體間隙和 8 個 4 面體間隙。這是因為 Pd 是迄今為止發現的同位素效應最強的金屬，不易被環境氣體鈍化，抗中毒能力強，且很容易在較低的溫度下使其活化，具有很好的吸/放氫動力學特性。

1930 年代，Sieverts 等人測定了金屬 Pd 的吸氫和吸氘等溫曲線，發現兩者吸附平衡壓存在顯著差異，直到 1957 年，Glueckauf 等人開始利用 Pd 的氫同位

素效應進行氫同位素分離的研究。將金屬 Pd 與載體材料(石棉等)混合填充色譜柱,利用氚氣置換色譜柱內的 H－D 混合原料氣,由於金屬 Pd 優先吸附氚,在氣固交換過程中,氚將固相中的氘置換出來,在色譜柱的前端形成高純度氘分布區域,這一方法可以獲得高濃度氘(大於 99.9%)。Kuniaki 等人研究了 Pd－8% Pt 合金分離氫同位素的過程,在原料氣為 50% H_2－50% D_2 時,實驗得到的產品 D_2 豐度為 97.5%,回收率為 80%,並且不需要額外添加置換氣體。由於 Pd、Pt 同樣都是貴金屬,價格昂貴,因此將 Pd、Pt 沉積在惰性載體上使用則更加經濟、有效。例如,將 Pd 負載於矽藻土或 Al_2O_3 等材料上能夠有效減少貴金屬的用量,其中單位體積的 Al_2O_3 載鈀量比矽藻土高,並且 Pd－Al_2O_3 材料的抗粉化性能更優,具有更好的應用前景。

複合金屬氫化物材料因其陰陽離子之間豐富多樣的化學作用、電子結構和成分組成等而具有多元化的化學和物理特性,廣泛應用於能源儲存、轉化和利用等多個領域。以金屬胺基化合物－氫化物體系為代表的金屬氮基儲氫材料因儲氫容量高、吸脫氫熱力學性能適宜、循環穩定性好、成本低廉而備受關注。金屬(亞)胺基化合物是一類胺基離子 NH_2^- 或亞胺基離子 NH^{2-} 與金屬陽離子形成的化合物。早在 1933 年,鹼金屬胺基化合物就已被發現併合成出來,直到 2002 年,Chen 等發現 Li_3N 經兩步吸氫反應後,進而轉變為 $LiNH_2$－2LiH 體系,獲得了具有高達 10.4% 的理論可逆儲氫容量的金屬胺基化合物－氫化物儲氫(Li－N－H)材料體系。Li_3N 吸脫氫是一個兩步反應,反應式如式(6－29)所示。Li_3N 先吸收 1 分子 H_2 變成亞胺基鋰(Li_2NH)和氫化鋰(LiH),隨後 Li_2NH 繼續吸氫,變成胺基鋰($LiNH_2$)和 LiH。

$$Li_3N+2H_2 \rightleftharpoons Li_2NH+LiH+H_2 \rightleftharpoons LiNH_2+2LiH \qquad (6-29)$$

上式的理論可逆儲氫量高達 10.4%,然而其反應的總體吸脫氫焓值過高;溫和操作條件下只有第二步吸脫氫反應即式(6－29)右邊的反應具有實用價值,其可逆儲氫容量高達 6.5%,如式(6－30)所示。

$$Li_2NH+H_2 \rightleftharpoons LiNH_2+LiH \qquad (6-30)$$

研究人員在研究其吸脫氫機理的過程中發現,$LiNH_2$－LiD 體系在加熱脫附的過程中,釋放 H_2、D_2 和 HD 混合氣體,且在脫 H_2 和脫 D_2 的動力學性能上表現出一定的差異性,這種差異意味著金屬氮基儲氫材料或許可以應用於氫同位素分離。近期,張釗等對 Li－N－H 體系的熱力學、動力學同位素效應進行系統研究,發現該體系具有顯著的熱力學氫同位素效應,即其氕的平臺壓力大於氘

的平臺壓力，即呈現明顯的正同位素效應，其氫同位素分離因子為1.42左右，並隨著原料氣中重同位素含量的增加而減少。進一步流動態氫同位素混合氣分離實驗證明Li－N－H體系能夠原位分離氫同位素，且其氫同位素分離因子不隨溫度改變而發生變化，具有很好的穩定性。該體系儲氫量大，經濟性好，操作溫度適宜(200℃)，同時，該類材料體系豐富、可調控性大，值得進一步深入研究。

未來置換色譜分離材料將繼續向高同位素效應、溫和的實驗條件及低廉的原料價格方向發展。隨著分離技術的改進和高性能低成本填充材料的開發，氫同位素置換色譜分離技術將得到進一步發展，應用也將會更廣泛，完全有可能應用於如融合能源開發等大規模的氘氚工業領域。

第7章

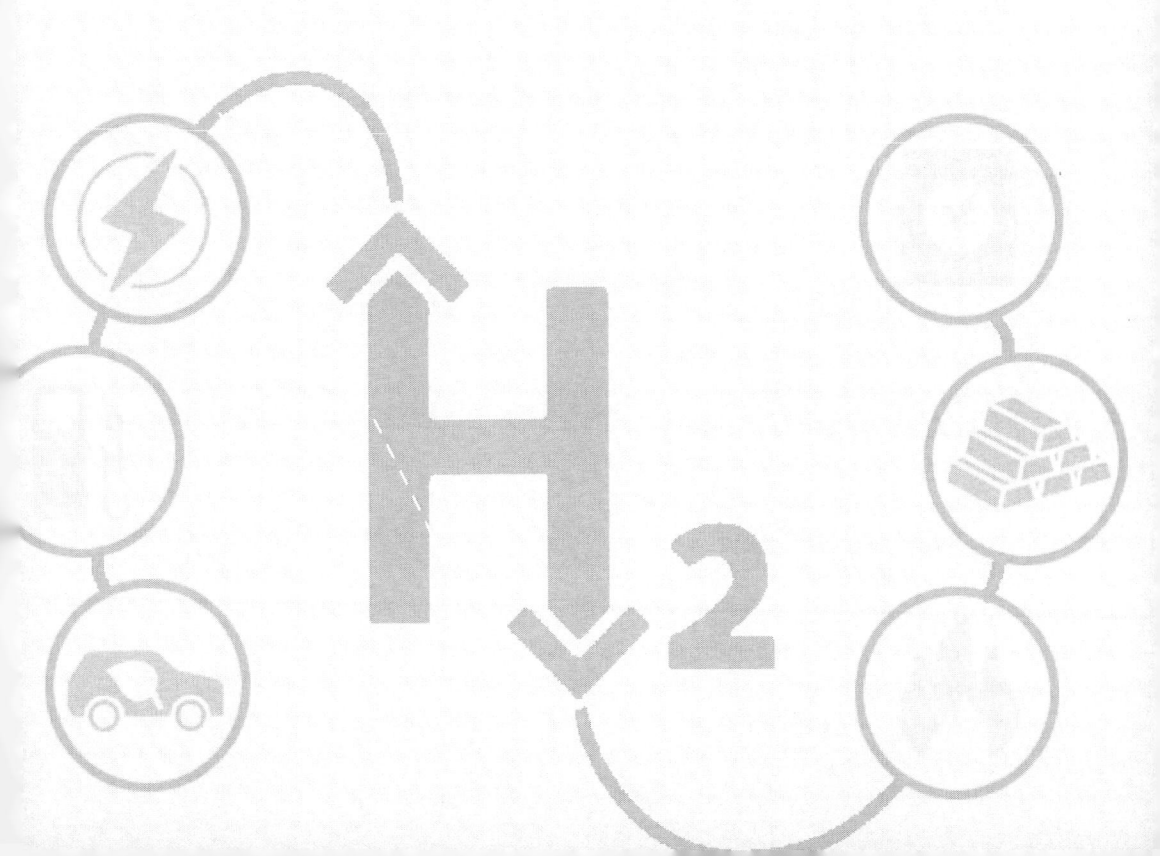

氫儲能的應用場景

氫能源將為各行業實現脫碳提供重要路徑。目前氫能的成本較高，使用範圍較窄，氫能應用處於起步階段。氫能源主要應用在工業領域和交通領域中，在建築、發電和發熱等領域仍然處於探索階段。根據中國氫能聯盟預測，到2060年工業領域和交通領域氫氣使用量占比分別為60％和31％，電力領域和建築領域占比分別為5％和4％（如圖7－1所示）。

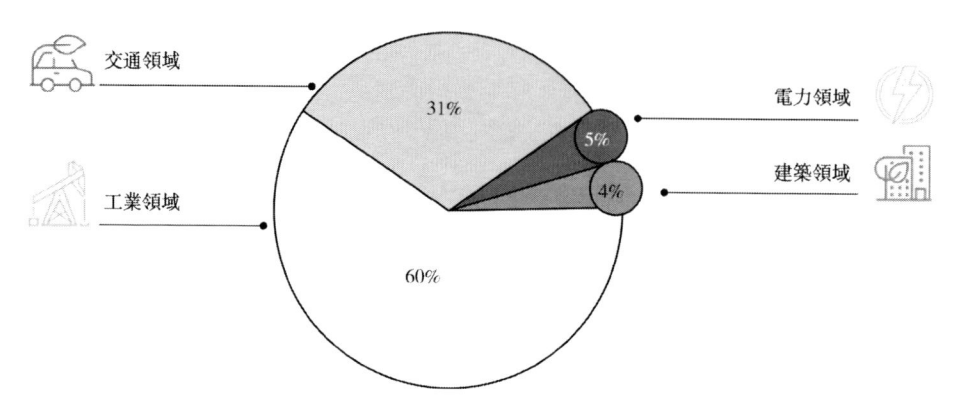

圖7－1　2060年中國氫氣需求結構預測

7.1　交通領域的應用

交通領域是目前氫能應用相對比較成熟的領域。從專利申請看，2021年交通領域的氫能技術應用專利申請15639件，占氫能下游技術應用的71％。氫能源在交通領域的應用包括汽車、航空和海運等，其中氫燃料電池汽車是交通領域的主要應用場景。

7.1.1　公路

燃料電池汽車產業處於起步階段。燃料電池汽車企業數量較少，技術、成本和規模是進入的主要門檻，燃料電池汽車產銷規模較小。2020年由於受到疫情等因素影響，燃料電池汽車產銷量出現大幅下降，之後穩步恢復。2021年燃料電池汽車產量和銷量分別同比增加49％和35％；2022年以來產銷量進一步增加，上半年產量1804輛，已經超過2021年全年（如圖7－2所示）。與純電動汽車和

傳統燃油車相比，燃料電池汽車具有溫室氣體排放低、燃料加注時間短、續航里程高等優點，較適用於中長距離或重載運輸，當前燃料電池汽車產業政策也優先支持商用車發展。現階段中國氫燃料電池車以客車和大型貨車等商用為主，乘用車主要用來租賃，占比不及0.1％。

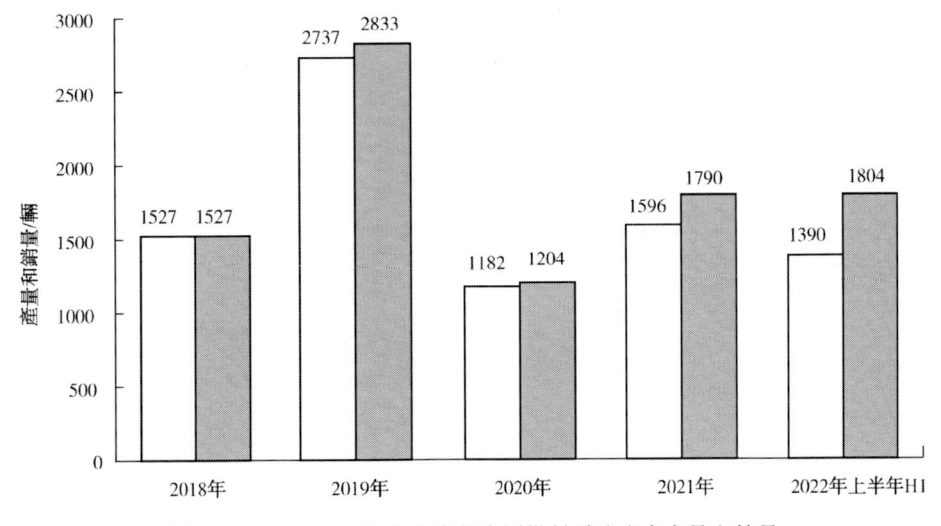

圖7－2　2018～2022年上半年中國燃料電池汽車產量和銷量

當前燃料電池汽車的購置成本還較高，尚不具備完全商業化的能力。成本是限制燃料電池市場化的主要因素。燃料電池汽車的發展仍然依靠政府補貼和政策支持。2020年氫能公車推廣數量較多，雖然車型規格、系統配套商及功率大小有差異，但多數訂單公車均價在人民幣200萬～300萬元/輛，價格較高。此外，燃料電池汽車對低溫性能要求較高，動力系統成本較高，加之基礎設施稀缺等限制，目前尚未實現大規模推廣，有待未來進一步改善。

燃料電池汽車成本未來有較大下降空間。燃料電池汽車主要包括燃料電池系統、車載儲氫系統、整車控制系統等。其中，燃料電池系統是核心，成本有望隨著技術進步和規模擴大而下降。根據國際能源總署（IEA）研究，隨著規模化生產和工藝技術的進步，2030年燃料電池乘用車成本將與純電動汽車、燃油車等其他乘用車成本持平，其中燃料電池系統的成本將從2015年的30200美元/輛降低到2030年的4300美元/輛，單位成本則有望從2015年的380美元/kW·h降低到2030年的54美元/kW·h，降幅為86％，是推動燃料電池汽車成本下降的主要動力。

燃料電池車適合重型和長途運輸，在行駛里程要求高、載重量大的市場中更

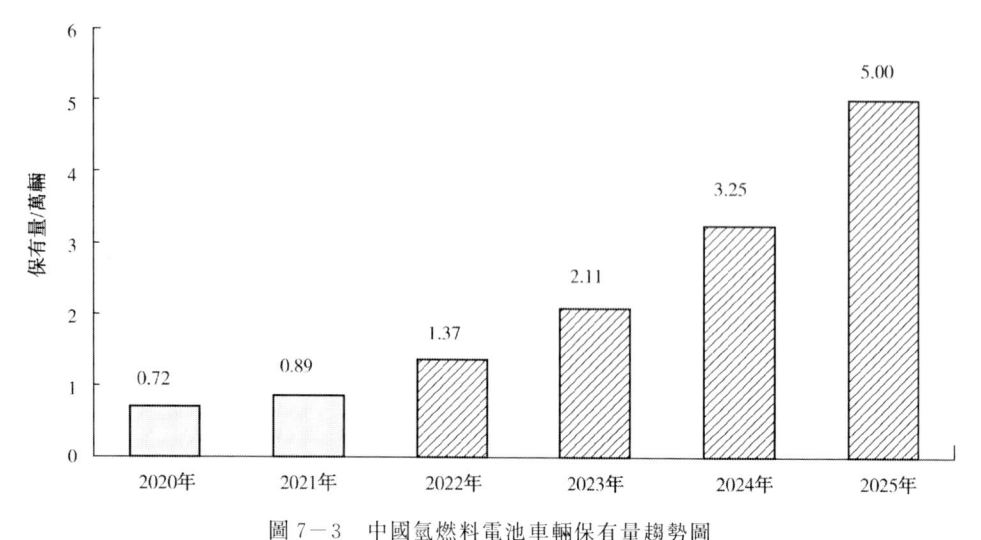

图 7－3　中國氫燃料電池車輛保有量趨勢圖

資料來源：香橙會研究院，《氫能產業發展中長期規劃（2021－2035 年）》。

具競爭力，未來發展方向為重型卡車、長途運輸乘用車等。根據國際氫能協會分析，燃料電池汽車在續航里程大於 650km 的交通運輸市場更具有成本優勢。由於乘用車和城市短程公車續航里程通常較短，純電動汽車則更有優勢。燃料電池汽車未來發展空間廣闊。相比純電動車型，燃料電池車克服了能源補充時間長、低溫環境適應性差的問題，提高了營運效率，與純電動車型應用場景形成互補。中國氫能聯盟研究院預測，到 2030 年中國燃料電池車產量有望達到 62 萬輛/a。

7.1.2　鐵路

清潔能源成為許多國家未來能源體系的重要組成部分，氫能作為清潔能源受到鐵路領域的廣泛關注。氫能在鐵路交通領域的應用主要是與燃料電池構成動力系統，替代傳統的內燃機。目前氫動力火車處於研發和試驗階段，德國、美國、日本和中國等國走在尖端。德國在 2022 年開始營運世界上第一條由氫動力客運火車組成的環保鐵路線，續航里程可達 1000km，最高時速達到 140km。中國在 2021 年試運行中國首臺氫燃料電池混合動力機車，滿載氫氣可單機連續運行 24.5h，平直道最大可牽引載重超過 5000t；於 2022 年建成中國首個重載鐵路加氫科學研究示範站，將為鐵路作業機車供應氫能。

氫動力火車的優點在於不需要對現有鐵路軌道進行改建，通過泵為火車填充

氫氣,並且噪音小、零碳排放。但是現階段發展氫動力火車也存在一些挑戰。一方面,氫燃料電池電堆成本高於傳統內燃機,組成氫動力系統後(含儲氫和散熱系統等)成本將進一步增加,搭載氫能源系統的車輛成本較高。另一方面,由於技術不成熟、需求少等因素,目前加氫站等氫能源基礎設施的建設尚不完善。

由於世界主要國家重視以氫能為代表的清潔能源的發展,氫動力火車作為減碳的有效途徑,未來發展空間廣闊。以歐洲國家為例,法國承諾到2035年、德國提出到2038年、英國計劃到2040年把以化石能源(柴油)驅動的國家鐵路網替換成包括氫能源在內的清潔能源驅動的鐵路網。

7.1.3 航空

隨著能源加速向低碳化、無碳化演變,航空業也面臨能源體系變革帶來的新挑戰。氫能源為低碳化航空提供了可能,氫能可以減少航空業對原油的依賴,減少溫室及有害氣體的排放。相比於化石能源,燃料電池可減少75%~90%的碳排放,在燃氣渦輪引擎中直接燃燒氫氣可減少50%~75%的碳排放,合成燃料可減少30%~60%的碳排放。氫動力飛機可能成為中短距離航空飛行的減碳方案,但在長距離航空領域,仍需依賴航空燃油。預計2060年氫氣能提供5%左右航空領域能源需求。氫能為航空業提供了可能的減碳方案,美國、英國、歐盟等已開發國家和地區紛紛發表涉及氫能航空發展的頂層策略規劃(如圖7-4所示)。

從已開發國家發布的規劃可以看出,氫能航空的發展是一個漫長的過程。從現在到2030年主要是發展基礎性技術,開展航空試驗;到2050年完成遠端客機驗證機和大規模的氫燃料加注基礎設施建設,在航空領域實現更大規模應用。

7.1.4 航運

隨著航運業迅速發展,柴油機動力船舶引發的環境問題日益顯現。2020年中國航運業的二氧化碳排放量占交通運輸領域排放量的12.6%。氫能作為清潔能源有望在航運領域減碳中發揮積極作用。根據IEA發布的《中國能源體系碳中和路線圖》,航運業的碳減排主要取決於氫、氨等新型低碳技術和燃料的開發及商業化;在承諾目標情景中,2060年基於燃料電池的氫能應用模式將滿足水路交通運輸領域約10%的能源需求。

氫及氫基燃料是航運領域碳減排方案之一。通過氫燃料電池技術可實現內河和沿海船運電氣化,通過生物燃料或零碳氫氣合成氨等新型燃料可實現遠洋船運

國家(地區)	歐盟	英國	美國
發展規劃	《氫能航空》	《國家氫能策略》	《氫能發展規劃》
路線圖	2020—2028年 發展基礎性技術,促使通勤飛機通過認證。	2022—2024年 實現小規模電解製氫。	研究燃料電池和燃氣輪車等氫能轉化技術。
	2028—2035年 集中擴大核心氫能組件等應用規模。應用於中途飛機。	2025—2027年 試點採用碳捕捉的氫能專案,開展航空試驗。	計劃5年內投資1億美元,支持由美國國家實驗室主導的氫能和燃料電池的關鍵技術研究,將促進航空氫能動力的發展。
	2035—2050年 為中長途開發概念機和原型機。	2028—2030年 大規模採用CUUS技術的製氫及大規模電解製氫,同時在航空方面實現應用。	

圖7-4 各國家(地區)氫能航空發展策略比較

脫碳。中國部分企業和機構基於國產化氫能和燃料電池技術進步已經啟動了氫動力船舶研製。現階段,氫動力船舶通常用於湖泊、內河、近海等場景,作為小型船舶的主動力或大型船舶的輔助動力。海上工程船、海上滾裝船、超級遊艇等大型氫動力船舶研製是未來發展趨勢。

　　總體而言,氫動力船舶整體處於前期探索階段,高功率燃料電池技術尚未成熟,但隨著氫儲存優勢顯現,燃料電池船舶市場滲透率將逐步提升。預計到2030年中國將構建氫動力船舶設計、製造、除錯、測試、功能驗證、性能評估體系,建立配套的氫氣「製儲運」基礎設施,擴大內河/湖泊等場景的氫動力船舶示範應用規模,完善水路交通相關基礎設施;到2060年完成中國水路交通運輸裝備領域碳中和目標,在國際航線上開展氫動力船舶應用示範,提升中國氫動力船舶產業的國際競爭力(如圖7-5所示)。

第7章 氫儲能的應用場景

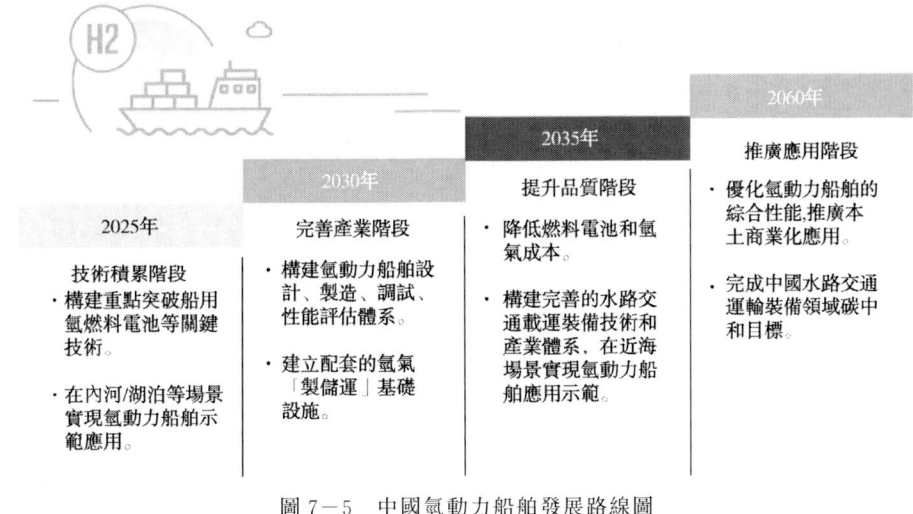

```
2025年                  2030年              2035年              2060年
技術積累階段         完善產業階段        提升品質階段        推廣應用階段
·構建重點突破船用    ·構建氫動力船舶設    ·降低燃料電池和氫    ·優化氫動力船舶的
 氫燃料電池等關鍵     計、製造、調試、     氣成本。             綜合性能,推廣本
 技術。              性能評估體系。      ·構建完善的水路交    土商業化應用。
·在內河/湖泊等場景   ·建立配套的氫氣     通載運裝備技術和    ·完成中國水路交通
 實現氫動力船舶示    「製儲運」基礎      產業體系,在近海     運輸裝備領域碳中
 範應用。            設施。              場景實現氫動力船    和目標。
                                         舶應用示範。
```

圖 7-5 中國氫動力船舶發展路線圖

資料來源:《中國氫動力船舶創新發展研究》,畢馬威分析。

7.2 工業領域

工業是當前脫碳難度較大的應用部門,化石能源不僅是工業燃料,還是重要的工業原料。工業燃料通過電氣化可實現部分脫碳,但是工業原料直接電氣化的空間有限。在氫冶金、合成燃料、工業燃料等的帶動下,2060年工業部門氫需求量將達到7794萬t,接近交通領域的2倍。

7.2.1 鋼鐵行業

鋼鐵冶煉二氧化碳排放量較大,2020年中國鋼鐵行業碳排放總量約18億t,占中國碳排放總量的15%左右。實現「雙碳」目標下,鋼鐵行業面臨巨大的碳減排壓力。根據各大型鋼鐵企業公布的碳達峰碳中和路線圖,結合中國鋼鐵行業協會減碳目標,假設到2030年,中國鋼鐵行業減碳30%,在此期間鋼鐵行業需累計減排5.4億t。中國鋼鐵產量占世界總產量的一半以上,實現鋼鐵行業的降碳對中國「雙碳」目標的達成意義重大。

氫在鋼鐵行業可應用於氫冶金、燃料等多個方面,以氫冶金規模最大。氫冶

金通過使用氫氣代替碳在冶金過程中的還原作用，從而實現源頭降碳，而傳統的高爐煉鐵是以煤炭為基礎的冶煉方式，碳排放佔總排放量的70%左右。氫冶金是鋼鐵行業實現「雙碳」目標的革命性技術。

現階段，氫冶金技術的氫氣主要來源於煤，整體減碳能力有限。氫冶金技術分為高爐氫冶金和非高爐氫冶金兩大類。高爐氫冶金是指通過在高爐中噴吹氫氣或富氫氣體替代部分碳還原反應實現「部分氫冶金」，非高爐氫冶金技術以氣基豎爐法為主流。中國豎爐氫冶金技術處於起步階段，同時受氫氣製備和儲運、高品質精礦等條件制約，距離大規模應用和全生命週期深度降碳仍有一定距離。

從全球範圍看，氫冶金的工業化技術也尚未成熟，德國和日本等氫冶金技術領先的國家也處於研發和試驗階段。根據世界能源署統計，傳統高爐的使用年限為30～40年，而目前全球煉鐵高爐平均爐齡僅為13年左右，在未來很長一段時間內，全球範圍內將仍以傳統的高爐煉鐵工藝為主流，低碳高爐冶金技術將是過渡期內重要的研發方向。氫冶金的發展可以分步實現：到2025年，驗證中間試驗裝置大規模工業氫能冶煉的可行性；到2030年，實現以焦爐煤氣、化工等副產品產生的氫氣進行工業化生產；到2050年，進行鋼鐵高純氫能冶煉，其中氫能以水電、風電及核電電解水為主。

7.2.2 化工行業

氫氣是合成氨、合成甲醇、石油精煉和煤化工行業中的重要原料，還有小部分副產氣作為回爐助燃的工業燃料使用。中國氫能聯盟數據顯示，2020年合成氨、甲醇、冶煉與化工所需氫氣分別占比32%、27%和25%（如圖7-6所示）。目前，工業用氫主要依賴化石能源製取，未來通過低碳清潔氫替代應用潛力巨大。

氨是氮和氫的化合物，廣泛應用於氮肥、製冷劑及化工原料。合成氨的需求主要來自農業化肥和工業兩大方面，其中農業化肥占70%左右。國際能源總署預計至2050年，將會有超過30%的氫氣用於合成氨和燃料。目前，氨生產所需要的氫（化石能源製取，又稱灰氫）主要是通過蒸汽甲烷重整（SMR）或煤氣化來擷取，每生產1t氨會排放約2.5t二氧化碳。綠氫合成氨則可減少二氧化碳排放。綠氫合成氨主要設備包括可再生能源電力裝備、電解水製氫設備、空分裝置、合成氨裝置，以上相關技術裝備國產化程度較高。其中，鹼性電解水與質子交換膜

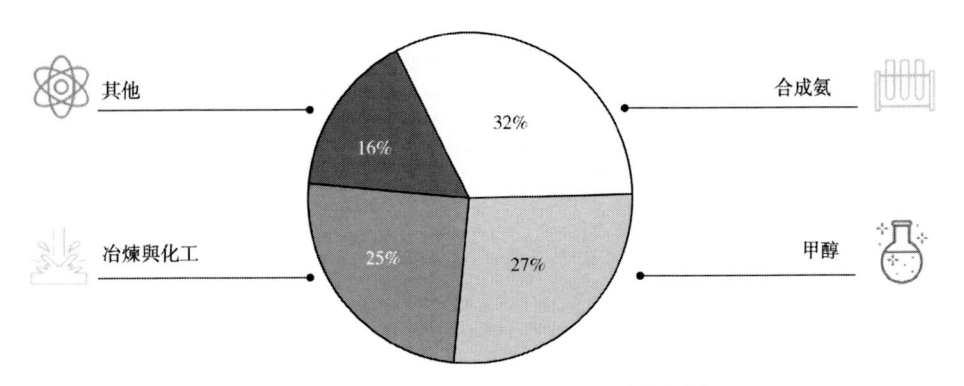

图7-6 中國化工行業氫能消費領域分析圖

資料來源：中國氫能聯盟，畢馬威分析。

電解水技術能夠實現規模化的電解水製氫，中國的鹼性電解槽技術水準處於行業領先水準。此外，國內外質子交換膜電解水技術均處於起步階段，且成本偏高，未來主要取決於燃料電池技術發展進程。

　　大規模、低成本、持續穩定的氫氣供應是化工領域應用綠氫的前提。儘管短期內化工領域綠氫應用面臨經濟性挑戰，但隨著可再生能源發電價格持續下降，到2030年中國部分地區有望實現綠氫平價，綠氫將進入工業領域，逐漸成為化工生產常規原料。2022年3月28日，遠景科技集團與內蒙古自治區赤峰市人民政府簽訂策略合作協定，計劃在赤峰市建設風光制綠氫綠氨一體化示範專案，總投資約為(以下為人民幣)400億元，預計2028年前建成投產。專案規劃年產152萬t零碳工業氣體產品，一期專案將於兩年內投產，成為全球首個零碳氫氨專案。

　　該綠氫綠氨生產基地在建成後將為赤峰經濟技術開發區內工業生產提供零碳氨、氫、氧、氮等工業氣體產品，削減園區碳排放量，依託零碳工業氣體產品優勢及先進儲能型空分工藝，將元寶山化工園區打造成零碳化工園區。預計零碳產業園建成後，通過利用當地豐富的綠電，實現綠電和綠氫開發的融合，可以實現以10元/kg的成本生產氫氣，比現階段成本下降50%～80%。與此同時，遠景科技集團還將在赤峰建設智慧風機裝備製造中心專案、新能源和儲能電站示範專案，同時配合赤峰在能碳雙控和森林碳匯方面開展研究探索工作，共同推進區域碳達峰、碳中和工作，並參與赤峰市現代能源經濟策略規劃研究和礦產資源開發。

7.2.3 發電領域

純氫氣、氫氣與天然氣的混合可以為燃氣輪機提供動力,從而實現發電行業的脫碳。氫能發電有兩種方式。一種是將氫能用於燃氣輪機,經過吸氣、壓縮、燃燒、排氣過程,帶動電機產生電流輸出,即「氫能發電機」。氫能發電機可以被整合到電網電力輸送線路中,與製氫裝置協同作用,在用電低谷時電解水製備氫氣,用電高峰時再通過氫能發電,以此實現電能的合理化應用,減少資源浪費。另一種是利用電解水的逆反應,氫氣與氧氣(或空氣)發生電化學反應生成水並釋放出電能,即「燃料電池技術」。燃料電池可應用於固定或行動式電站、備用峰值電站、備用電源、熱電聯供系統等發電設備。

這兩種氫能發電均存在成本較高的問題。目前,燃料電池發電成本為 2.50～3.00 元/度,而其他發電成本基本低於 1 元/度。例如,目前火力發電成本為 0.25～0.40 元/度,風力發電成本為 0.25～0.45 元/度,太陽能發電成本為 0.30～0.40 元/度,核能發電成本為 0.35～0.45 元/度(如圖 7-7 所示)。對比發電成本可以發現,燃料電池的發電成本要高於其他類型的發電模式。由於質子交換膜、電解槽等核心設備主要依賴進口,成本較高,疊加原材料的價格昂貴,導致氫能發電成本較高。

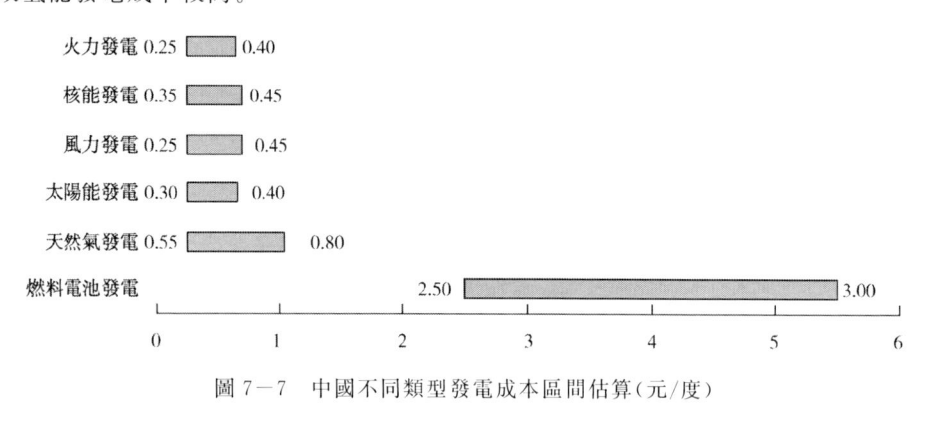

圖 7-7 中國不同類型發電成本區間估算(元/度)

隨著對清潔能源的重視,風能、太陽能等可再生能源發電占發電量的比例逐步提高。2020 年中國風力發電、太陽能發電總裝機容量 5.3 億 kW,占全社會用電量的比重達到 11%,到 2030 年風力發電、太陽能發電總裝機容量將達到 12 億 kW 以上。根據 IEA 研究,在 2050 年零碳排放目標的情景下,風力發電、太陽能發電在發電量中的占比接近 70%。可再生能源發電在電力系統中的作用越來

越重要。但是，風力發電、太陽能發電的間歇性和隨機性，影響併網供電的連續性和穩定性，因此儲能作為相對獨立的主體將發揮重要作用。

電力儲能方式目前主要有抽水蓄能、鋰電子電池、鉛蓄電池、壓縮空氣儲能等，其中抽水蓄能占比超過86%。與其他儲能方式相比，氫儲能具有放電時間長、規模化儲氫性價比高、儲運方式靈活、不會破壞生態環境等優勢。另外，氫儲能應用場景豐富，在電源側，氫儲能可以減少棄電、平抑波動；在電網側，氫儲能可以為電網運行調峰容量和緩解輸變線路阻塞等。

目前，受技術、經濟等因素的制約，氫儲能的應用仍面臨許多挑戰。一方面，氫儲能系統效率相對較低。氫儲能的「電－氫－電」過程存在兩次能量轉換，整體效率40%左右，低於抽水儲能、鋰電池儲能等70%左右的能量轉化效率。另一方面，氫儲能系統成本相對較高。當前抽水蓄能和壓縮空氣儲能成本約為7000元/kWh，電化學儲能成本約為2000元/kWh，而氫儲能系統成本約為13000元/kWh，遠高於其他儲能方式。

氫儲能目前仍處於起步階段，2021年中國氫儲能裝機量約為1.5MW，氫儲能滲透率不足0.1%。氫儲能在推動能源領域碳達峰碳中和過程中將發揮顯著作用。

7.2.4 建築領域

建築部門能源需求主要用於供暖（空間採暖）、供熱（生活熱水）等的電能消耗。與天然氣供熱（最常見的供熱燃料）等競爭性技術相比，氫氣供熱在效率、成本、安全和基礎設施的便捷性等方面目前不占優勢。

由於純氫的使用需要新的氫氣鍋爐或對現有管道進行大量的改造，在建築中使用純氫氣的成本相對較高。例如，歐洲的氫能源使用比其他地區起步要早，但目前氫能源供熱成本仍然是天然氣供熱成本的2倍以上。即便到2050年，當熱泵成為最經濟的選擇時，氫氣供暖的成本可能仍將比天然氣供熱成本高50%。

氫氣可以通過純氫或者與天然氣混合輸送，使用純氫方式對管道要求更高。氫氣還可能導致鋼製天然氣管道的安全風險，需要用聚乙烯管道取代現有管道。

這種投資對於較大的商業建築或地區供暖網路來說可能具有經濟意義，但對於較小的住宅單位來說則可能成本過高。

因此，早期氫氣在建築中的使用將主要是混合形式。氫氣與天然氣混合，按體積計算的比例可以達到20%，而無須改造現有設備或管道。和使用純氫相比，

將氫氣混合到天然氣管道中可以降低成本，平衡季節性用能需求。隨著氫氣成本的下降，北美、歐洲和中國等擁有天然氣基礎設施和有機會獲得低成本氫氣的地區，有望逐漸在建築的供熱、供暖中使用氫氣。

挪威船級社DNV預測，在2030年以後，純氫在建築中的使用有望超過混合氫氣；到2050年，氫氣在建築供暖和供熱能源總需求中可占3%～4%。

第8章

氫能產業政策

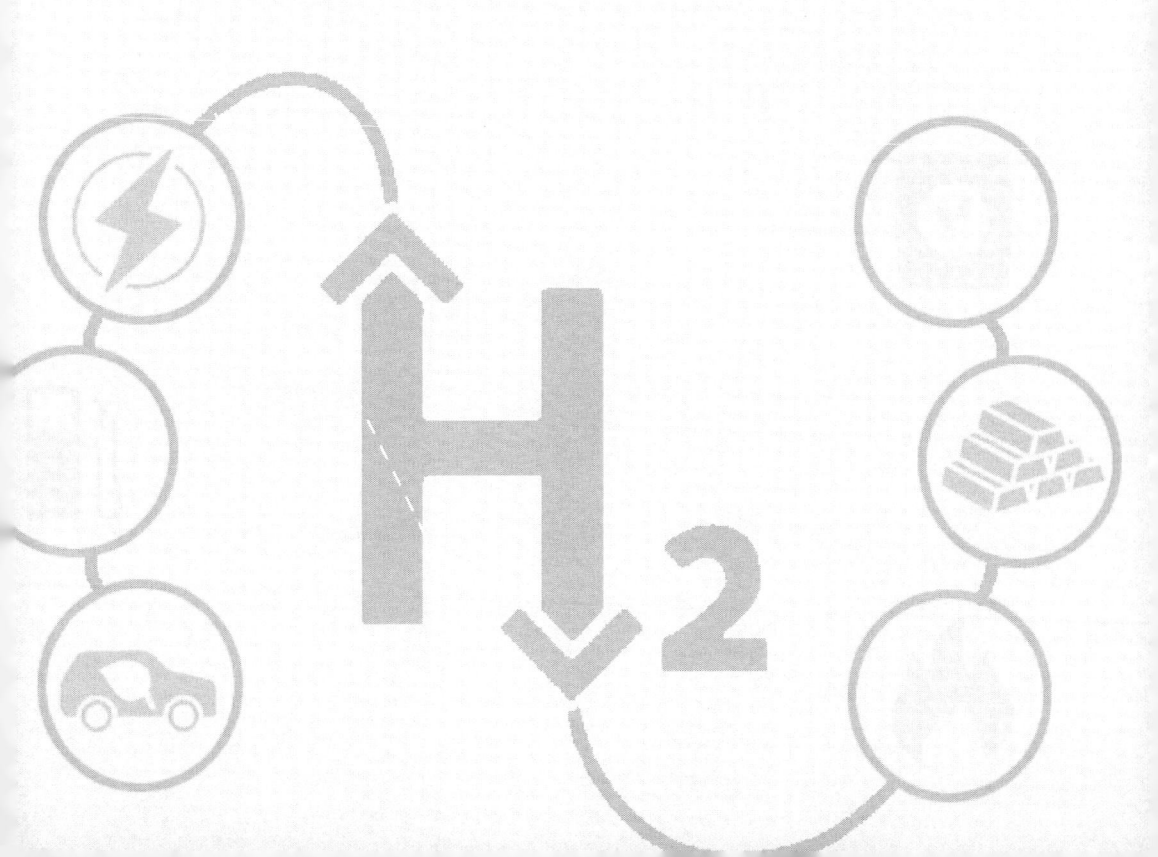

8.1 海外氫能發展策略

世界各國(地區)均針對氫能制定了國家層面的發展策略。在國際能源格局發生深刻變革和快速變化的今天，誰能在氫能等新型能源的轉型中奪得先機，無疑將在世界未來能源格局中占據更重要的地位。

世界能源結構正面臨深刻調整，氫能具有清潔、高效、來源廣泛以及可再生等特點，已成為各國未來能源策略的重要組成部分，近年來全球各國紛紛發表氫能策略規劃(如圖 8-1 所示)，搶占發展制高點，了解各國氫能策略，有助於國家更好地支持和引導氫能產業的發展。

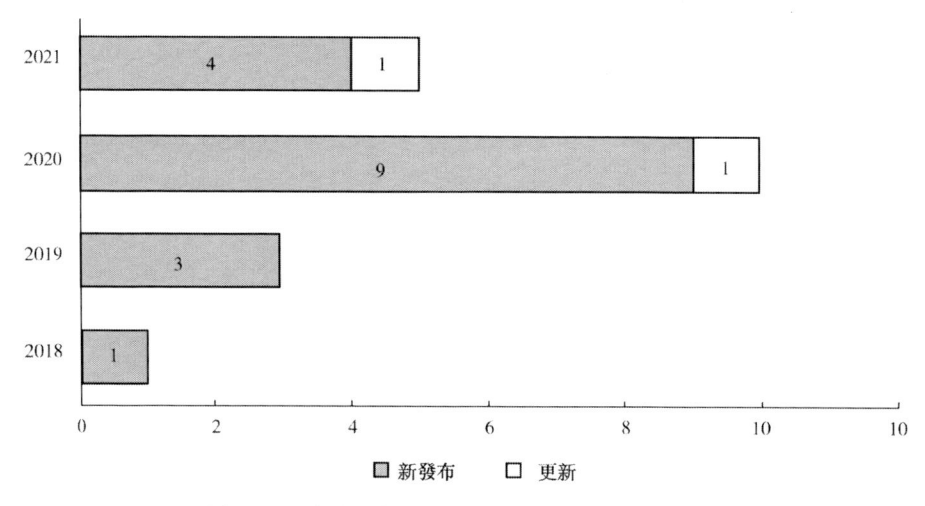

圖 8-1　全球歷年發布氫能策略的國家(地區)數量

8.1.1　日本構建全球「氫能社會」

日本氫能策略的出發點是維護本國能源安全，目標是構建全球「氫能社會」，力求在全球範圍內打造日本主導的氫能產業鏈。

受礦產資源匱乏的地理條件限制，以及受石油危機和福島核洩漏等事件影響，日本在能源安全方面一直存在強烈的危機感。為了更好地維護國家能源安全，日本將氫能作為一個重要突破口。早在 2013 年，安倍政府便通過

《日本再復興策略》將發展氫能上升為國策；2014年，《第四次能源基本計劃》明確了建設「氫能社會」的策略方向，同年，日本經濟產業省制定《氫能與燃料電池策略路線圖》，清晰規劃了實現「氫能社會」目標的三步走路線；2017年，日本政府進一步發布《氫能基本策略》，成為全球首個制定國家層面氫能發展策略的國家。在持續且連貫的政策引導下，「氫能社會」理念逐漸深入日本國民意識，也成為日本建立氫能國際影響力的重要抓手。值得一提的是，在日本2021年發布的第六版《氫能策略計劃》中，首次提及氨能，提出到2030年，利用氫和氨所生產出的電能將占日本能源消耗的1%，氨具備作為燃料和氫載體的潛力，隨著日本氫能策略轉向氫氨融合，各國在氨能方面的策略布局可能也會出現相應調整。

日本對於氫能社會的構想，涵蓋了製氫、儲氫和氫能利用及基礎設施建設等氫能全產業鏈，僅靠發展國內市場不足以支撐大規模產業化的氫能發展，因此，日本高度重視在全球範圍內搭建氫能供應鏈和創造氫能需求。一方面，製氫需要各種資源尤其是可再生能源，但日本本土資源有限，所以日本不斷在海外尋找成本低廉的化石能源結合CCS技術製氫，或直接利用海外可再生能源製氫，再通過液化氫運輸等形式保障國內氫能供應，日本與挪威、澳洲、汶萊和沙烏地阿拉伯等均進行了相關合作。另一方面，氫能產業化需要下游應用需要帶動，日本通過在交通、電力、建築、工業等領域供應氫氣，刺激了這些領域的用氫需求。不過從長期來看，日本國內氫氣消費量有限，積極發展全球市場仍是日本氫能商業化的重要策略。

8.1.2 美國強化全鏈條技術儲備

氫能是美國能源多元化發展策略的重要方向之一。當前美國正積極儲備氫能全產業鏈技術，助力實現其在氣候領域做出的減排承諾。

美國「能源獨立」策略一直重視新能源，但歷屆政府優先關注的領域不盡相同，導致氫能產業政策規劃缺乏連貫性。不過美國始終保持了對氫能技術的研發投入，尤其是近年來全球氣候變化極端事件頻發的背景下，拜登政府積極推進「氣候新政」，其氫能策略規劃逐漸明晰。2020年11月，美國能源部（DOE）發布《氫能計劃發展規劃》，設定了到2030年氫能發展的技術和經濟指標，範圍涉及「製氫－運氫－儲氫－用氫」全鏈條，該方案是對2002年的《國家氫能路線圖》和2004年啟動的「氫能行動計劃」的更新，可以看作美

國氫能策略的一次階段性調整。2021年7月，DOE宣布發起「能源攻關計劃」，旨在使清潔氫成本在未來10年內降低80％至1美元/kg，代表著美國開始從化石能源製氫（灰氫、藍氫）為主，轉向以可再生能源製氫（綠氫）為主，以此助推《氫能計劃發展規劃》落地。

美國重視加強全鏈條技術儲備，加快推進低成本綠氫技術，力求保持其在氫能技術方面的領先優勢，建立全球氫能技術主導權。有研究顯示，近10年（2012－2022年）儘管美國在氫能專利申請數量上低於中國和日本，但在製氫技術和氫儲運技術專利價值度排名中，美國位居榜首，說明其專利技術質量仍領先中國和日本。不過，值得注意的是，美國通過「頁岩氣革命」，獲得了豐富且廉價的天然氣，氫能在終端應用上和天然氣相比目前價格不具優勢，氫能應用推廣因此面臨一定阻力。同時，當前儘管美國政府力圖保證氫能的使用規模並擴大應用市場，但是美國各州氫能發展存在較大差異，氫燃料電池車推廣和加氫站建設主要集中在加州，後續美國政府若不能有效刺激其他州的用氫需求，將面臨用氫需求成長乏力的風險，不利於氫能大規模發展。

8.1.3 歐盟以綠氫助力脫碳經濟

歐盟氫能策略的出發點是實現脫碳，目標是大規模快速部署綠氫。尤其是近期俄烏衝突爆發以來，歐盟越發重視擺脫對俄羅斯的能源依賴，加速推進綠氫發展。

綠色轉型是歐洲經濟復甦的重要驅動力之一，相關產業政策處於全球領先地位，已建立了包括氫能在內的清潔能源策略布局。近年來，歐盟相繼通過《歐洲綠色協定》、《歐洲氣候法》和「減碳55」等一攬子計劃，逐步構建起相對完善的碳中和政策框架，明確到2030年溫室氣體淨排放量將比1990年至少減少55％，到2050年，歐洲實現「碳中和」。歐盟將發展綠氫作為實現減排目標的重要途徑，2020年7月《歐盟氫能策略》發表，提出了氫能發展的漸進式路線，旨在降低可再生能源製氫成本，通過大規模應用綠氫促進經濟脫碳，以確保實現總體氣候目標。

2022年以來，全球性能源危機進一步加劇，歐洲能源價格大幅走高，再加上俄烏矛盾不斷升級，歐盟對外針對俄羅斯實施煤炭禁運等制裁，對內開始加快向可再生能源和氫能過渡，以求與俄羅斯能源脫鉤。在歐盟2022年5月分發布的「RepowerEU」計劃中，再次重申了《歐盟氫能策略》制定的「到2030年實現可

再生製氫年產量1000萬t」的目標，並提出了從不同的來源進口1000萬t綠氫的目標。

歐盟重點發展風光電製氫，一方面，歐洲南部有豐富的太陽能資源，近海地區可以開展風力發電，根據Ember資料，2021年歐盟風光發電量合計已超過煤電，有望為綠氫生產提供能源支撐；另一方面，歐盟不斷完善天然氣基礎設施網路，後續可為氫能的運輸提供支持。不過，目前全球都面臨著綠氫成本高的難題，歐盟選擇將成本相對更低的藍氫作為短中期能源選項，本質上還是以天然氣作為能量來源，不利於其解決能源依賴問題。此外，在當前俄烏衝突的背景下，近來部分歐洲國家開始重啟煤電以應對能源短缺問題，一定程度上會拖累歐盟國家整體能源轉型的步伐。

8.1.4　澳洲將成為氫能出口大國

澳洲立足本國資源優勢打造新型經濟成長點，目標是成為氫能出口大國，澳洲正大力發展氫樞紐，推動行業盡快實現規模經濟。

澳洲自然資源豐富，是煤炭、鐵礦石、天然氣等資源產品的重要出口國。為了適應世界經濟向綠色能源轉型的大趨勢，澳洲政府將氫能視為下一個出口成長點。2019年11月，澳洲發布《國家氫能策略》，確立了15大發展目標、57項聯合行動，旨在到2030年成為亞洲氫能出口前三，同時在氫安全、氫經濟、氫認證方面處於全球前列。2020年9月，澳洲發布首份低碳技術排放聲明，提出製氫成本要低於2美元/kg，並公布了19億美元的新能源技術投資計劃，其中包括建設本國第一個氫能出口樞紐。2021年12月，澳洲工業、科學、能源與資源部發布《2021氫能現狀》，在梳理氫能產業現狀的基礎上，提出了未來發展的三大重點，即建立需求、實現低成本大規模製氫、降低輸氫成本，政府將通過創建氫樞紐刺激國內需求，並大力開拓國外市場，推動氫能在2030年左右實現大規模生產。

澳洲發展氫能具備資源、技術、市場三重優勢。首先，澳洲太陽能、風能資源豐富且土地利用強度低，是大規模開展可再生能源製氫的理想地點；其次，煤炭、天然氣等能源產業基礎較雄厚，氫能發展具備良好的產業環境；最後，澳洲成熟的能源貿易關係，很大程度上為其氫能出口鋪平了商業化道路。澳洲希望在不影響安全、生活成本、水資源、土地使用權和環境可持續性的情況下，實現清潔氫能的新就業和新成長，也需要面對現實中的各種挑戰。例如，2021年6月

澳洲政府就以保護濕地生態為由，暫時擱置為澳洲皮爾布拉的亞洲可再生能源中心專案發放環境許可證；2022年初澳洲國內專家評估認為，正在建設的澳洲－日本氫氣供應鏈，實際會使日本碳排放向外轉移，如果沒有強而有力的政策支持低碳製氫，澳洲碳排放將會面臨上升壓力。

8.1.5 智利依託綠氫促進經濟轉型

智利希望藉助綠氫實現經濟成長驅動力轉變，從以銅礦等不可再生資源為主，轉向風能、光能等可再生能源驅動，成為全球綠氫出口領導者。

智利和澳洲同屬於出口導向型經濟，但智利高度依賴進口煤炭發電。為提高能源自主可控性，智利政府強調擺脫火電，大力發展可再生能源發電，並進一步開展大規模低成本可再生能源製氫，實現經濟轉型升級。

2020年11月，智利能源部發布《國家綠色氫能策略》（見表8－1），提出分三階段建設氫能強國，第一階段完成國內增產和出口準備，第二、三階段則通過出口綠氫、做大規模，成為全球綠氫供應商，目標是到2025年，智利可再生能源發電製氫的裝機規模達到500萬kW；到2030年，智利成為世界上生產綠氫較便宜的國家之一；到2040年，智利實現氫能出口。

表8－1 海外氫能策略發展比較

國家	主要政策文件	發布時間	發展目標	重點內容
日本	《第六次能源基本計劃》	2021.10	2030年：製氫成本降至30日元/Nm³；氫氣供應量達300萬t/a 2050：製氫成本降至20日元/Nm³；氫氣供應量達2000萬t/a	到2030年氫/氨發電占比將實現突破，將從第五期計劃設定的零提高到本次設定的1%（2019年氫/氨發電還未部署應用），以實現清潔能源多元化
美國	《氫能計劃發展規劃》	2020.11	2030年：電解槽成本降至300美元/kW，運行壽命達到8萬h，系統轉換效率達到65%，工業和電力部門用氫價格降至1美元/kg，交通部門用氫價格降至2美元/kg	DOE「氫能計劃」使命為：研究、開發和驗證氫能轉化相關技術（包括燃料電池和燃氣輪機），並解決機構和市場壁壘，最終實現跨應用領域的廣泛部署。該計劃將利用多樣化的國內資源開發氫能，以確保豐富、可靠且可負擔的清潔能源供應

第8章　氫能產業政策

續表

國家	主要政策文件	發布時間	發展目標	重點內容
歐盟	《歐盟氫能策略》	2020.07	2024 年：安裝 600 萬 kW 的電解設施，產生 100 萬 t 綠氫。 2030 年：安裝 4000 萬 kW 的電解設施，產生 1000 萬 t 綠氫。 2050：使所有脫碳難度係數高的工業領域使用綠氫替代	為歐洲未來 30 年清潔能源特別是氫能的發展指明了方向，概述了全面的投資計劃，包括製氫、儲氫、運氫的全產業鏈，以及現有天然氣基礎設施、碳捕捉和封存技術等投資。預計總投資超過 4500 億歐元
澳洲	《國家氫能策略》	2019.11	15 大發展目標強調三大重點：發展清潔、創新、安全、有競爭力的氫能；使所有澳洲人受益；成為全球氫能產業主要參與者	確定了 15 大發展目標、57 項聯合行動，旨在將澳洲打造為亞洲三大氫能出口基地之一，同時在氫安全、氫經濟以及氫認證方面走在全球前列
智利	《國家綠色氫能策略》	2020.11	2025 年：可再生能源發電製氫的裝機規模達 500 萬 kW。 2030 年：智利成為世界上生產綠氫較便宜的國家之一。 2040 年：實現氫能出口	系統分析了智利的綠氫發展機會，提出成為全球綠氫出口領導者的策略目標，明確了綠氫產業三階段發展規劃和各階段的重點目標

　　智利希望生產「最便宜」的綠氫，除可再生能源儲量豐富外，其獨特的地形條件也極為重要。一方面，智利國土面積小，北部阿他加馬沙漠是全球陽光直射較集中、穩定的地區之一，南部地區風能資源豐富，且都靠近大型消費中心、天然氣管網和港口等物流樞紐，有利於減少國內氫能基礎設施建設和運輸成本。另一方面，智利海岸線狹長、風力充足，開展海上風力發電，對陸地生態系統的影響較小，在氫能出口貿易中，可以直接利用海上風電製取綠氫，無須額外消耗成本將電力輸送到岸上，綠氫也可直接通過海底管道、輸氫船等直接銷往海外。不過，目前海上風電製氫還面臨著海上風電波動大、製氫設備運維難度大、氫儲運難等問題，智利海上風電製氫專案和其他大部分綠氫專案尚在規劃中，智利能否順利將資源潛力轉變為氫能經濟優勢，仍需克服諸多挑戰。

8.2 中國氫能發展策略

在2030年實現「碳達峰」和2060年實現「碳中和」的目標指導下，中國十分重視推動氫能產業發展，於2019年首次將氫能列入《政府工作報告》中，並於2020年將氫能列入能源範疇。近期的政策中影響較為重大的主要是2022年發表的氫能行業中長期發展規劃、2020年發表的以獎代補政策和2021年發表的示範城市群政策，明確了氫能發展的方向以及政策上和資金上的支持。

8.2.1 國家層面頂層設計，方向目標明確

中國早在2002年《「十五」國家高科技技術研究發展規劃》中提出發展燃料電池汽車，隨後陸續有政策對行業的研發和技術突破做出規劃和支持，經過多年的研發和攻關，在2016年發布的《能源技術革命創新行動計劃（2016－2030年）》中開始提出將燃料電池汽車及分散式發電技術進行示範應用並推廣。2019年開始氫能行業政策密集落地，且有提速趨勢。

自2019年氫能首次被寫入《政府工作報告》以來，中國各部委密集發表各項氫能支持政策，內容涉及氫能制儲輸用加全鏈條關鍵技術攻關、氫能示範應用、基礎設施建設等（見表8－2）。2022年3月，國家發展改革委、國家能源局聯合印發《氫能產業發展中長期規劃（2021－2035年）》（以下簡稱《規劃》），以實現「雙碳」目標為總體方向，明確了氫能是未來國家能源體系的重要組成部分，提出了氫能產業的三個五年階段性發展目標，同時也明確了氫能是策略性新興產業的重點方向，氫能產業上升至國家能源策略高度。

表8－2　國家層面氫能相關政策（2019－2022年）

發布時間	發布機構	政策文件	政策解讀
2022.06	發改委、國家能源局等9部門聯合印發	《「十四五」可再生能源發展規劃》	內容：推動太陽能治沙、可再生能源製氫和多能互補開發；推動可再生能源規模化製氫利用
			意義：明確要推動可再生能源規模化製氫利用，為「十四五」期間氫能產業的發展明確了方向

續表

發布時間	發布機構	政策文件	政策解讀
2022.03	發改委、國家能源局	《氫能產業發展中長期規劃（2021—2035年）》	內容：分析了中國氫能產業的發展現狀，明確了氫能在中國能源綠色低碳轉型中的策略定位、總體要求和發展目標，提出了氫能創新體系、基礎設施、多元應用、政策保障、組織實施等方面的具體規劃
			意義：氫能上升至國家能源策略高度
2021.11	國家能源局、科技部	《「十四五」能源領域科技創新規劃》	內容：攻克高效氫氣製備、儲運、加注和燃料電池關鍵技術，推動氫能與可再生能源融合發展
			意義：為氫能制儲輸用全鏈條關鍵技術提供了創新指引，為氫能的示範應用和安全發展提供了重要指導
2021.10	國務院	《2030年前碳達峰行動方案》	內容：積極擴大電力、氫能、天然氣等新能源、清潔能源在交通運輸領域應用
			意義：明確了氫能對實現碳達峰碳中和的重要意義
2021.03	第十三屆中國人大	《中華人民共和國國民經濟和社會發展第十四個五年規劃和2035年遠景目標綱要》	內容：在氫能與儲能等尖端科技和產業變革領域，組織實施未來產業孵化與加速計劃，謀劃布局一批未來產業
			意義：氫能作為國家前瞻謀劃的六大未來產業之一寫入「十四五」規劃
2020.12	發改委、商務部	《鼓勵外商投資產業目錄（2020年版）》	內容：氫能與燃料電池全產業鏈被納入鼓勵外商投資的範圍
			意義：產業對外開放程度提高
2020.04	國家能源局	《中華人民共和國能源法（徵求意見稿）》	內容：能源，是指產生熱能、機械能、電能、核能和化學能等能量的資源，主要包括煤炭、石油、天然氣、核能、氫能等
			意義：首次將氫能列入能源範疇，從法律層面明確了氫能的能源地位
2019.03	國務院	《政府工作報告》	內容：穩定汽車消費，繼續執行新能源汽車購置優惠政策，推動充電、加氫等設施建設
			意義：氫能首次被寫入《政府工作報告》

資料來源：公開資料整理，畢馬威分析。

《規劃》在以下幾方面具有重要意義：

① 明確氫能在國家能源體系中的重要地位。《規劃》中明確指出氫能是未來國家能源體系的重要組成部分，是用能終端實現綠色低碳轉型的重要載體，是策略性新興產業和未來產業重點發展方向，要充分發揮氫能作為可再生能源規模化高效利用的重要載體作用及其大規模、長週期儲能優勢。中國要實現「雙碳」目標，必須推動可再生能源規模化發展，而可再生能源的主要載體就是電和氫，在動力、儲能方面兩者具有互補性，作為無碳工業原料，氫具有不可替代性。

② 提出量化目標。《規劃》提出到 2025 年，中國將基本掌握核心技術和製造工藝，燃料電池車輛保有量約 5 萬輛，部署建設一批加氫站，可再生能源製氫量達到 10 萬～20 萬 t/a，實現二氧化碳減排 100 萬～200 萬 t/a。到 2030 年，形成較為完備的氫能產業技術創新體系、清潔能源製氫及供應體系，有力支撐「碳達峰」目標實現。到 2035 年，形成氫能多元應用生態，可再生能源製氫在終端能源消費中的比例明顯提升。

③ 強調核心技術研發。《規劃》中明確指出要加快推進質子交換膜燃料電池技術創新，開發關鍵材料，提高主要性能指標和批量化生產能力，著力推進核心零部件以及關鍵裝備研發製造。加快提高可再生能源製氫轉化效率和單臺裝置製氫規模，突破氫能基礎設施環節關鍵核心技術。持續推進綠色低碳氫能製取、儲存、運輸和應用等各環節關鍵核心技術研發。示範城市中也對核心零部件和材料的研發提出了明確的支持，各環節中具備核心技術研發能力和國產化能力的企業將獲得政策支持，充分受益行業高成長。

④ 強調與鋰電池純電動汽車的互補發展。《規劃》為行業明確了在交通領域的定位，氫燃料電池車的發展與鋰電池純電動汽車不是競爭關係，而是各自適應不同的領域，燃料電池車將在中重型的客車、貨車中發揮優勢，與鋰電形成互補。

⑤ 政策支持力度大。《規劃》中明確提出要發揮好中央預算內投資引導作用，支持氫能相關產業發展，鼓勵產業投資基金、創業投資基金等按照市場化原則支持氫能創新型企業，促進科技成果轉移轉化，支持符合條件的氫能企業在科創板、創業板等註冊上市融資。

《規劃》從國家層面為氫能產業打造頂層設計，首次清晰描述了氫能的策略定位，為中國氫能科技創新和產業高質量發展指明了方向。有利於政府統籌推進氫能產業發展，制定產業發展總體思路、目標定位和任務要求，各地方充分考慮本

地區發展基礎和條件，在科學論證的基礎上，合理布局，共同推動氫能產業健康、有序、可持續發展。

參 考 文 獻

[1] 毛宗強，毛志明，余皓．製氫工藝與技術［M］．北京：化學工業出版社，2019．

[2] ［日］氫能協會著．氫能技術［M］．宋永臣，寧亞東，金東旭譯．北京：科學出版社，2009．

[3] Zhang Zhao, Elkedim Omar, Zhang M, et al. Systematic investigation of mechanically alloyed Ti－Mg－Ni used as negative electrode in Ni－MH battery[J]. Journal of Solid State Electrochemistry, 2018, 22(6): 1669－1676.

[4] Marcel Van de Vorde. Hydrogen storage for sustainability[M]. Berlin: De Gruyter, 2021.

[5] Staffell Iain, Scamman Daniel, Abad Anthony Velazquez, et al. The role of hydrogen and fuel cells in the global energy system[J]. Energy & Environmental Science, 2019, 2(12): 463－491.

[6] He Teng, Pachfule Pradip, Wu Hui, et al. Hydrogen carriers[J]. Nature Reviews Materials, 2016, 1(12): 1－17.

[7] Abe JO, Popoola API, Popoola OM. Hydrogen energy, economy and storage: Review and recommendation[J]. International Journal of Hydrogen Energy, 2019, 44(29): 15072－15086.

[8] Koohi－Fayegh S, Rosen MA. A review of energy storage types, applications and recent developments[J]. Journal of Energy Storage, 2020, 1(27): 101047.

[9] 賈同國，王銀山，李志偉．氫能源發展研究現狀［J］．節能技術，2011，29(3)：28－33．

[10] 曹軍文，張文強，李一楓，等．中國製氫技術的發展現狀［J］．化學進展，2021，33(12)：2215－2244．

[11] 劉思明，石樂．碳中和背景下工業副產氫氣能源化利用前景淺析［J］．中國煤炭，2021，47(6)：53－56．

參考文獻

[12] 許虹．氯鹼廠副產氫氣淨化工藝研究與關鍵裝置設計[D]．北京：北京化工大學，2009．

[13] 徐雙慶，顧阿倫，陳熹．正本清源"副產氫"[J]．中國經貿導刊，2020(12)：109－111．

[14] 李建林，田立亭，來小康．能源互聯網背景下的電力儲能技術展望[J]．電力系統自動化，2015，39(23)：15－25．

[15] 趙永志，蒙波，陳霖新，等．氫能源的利用現狀分析[J]．化工進展，2015，34(9)：3248－3255．

[16] 吳川，張華民，衣寶廉．化學製氫技術研究進展[J]．化學進展，2005(3)：423－429．

[17] 蔡國偉，孔令國，薛宇，等．風氫耦合發電技術研究綜述[J]．電力系統自動化，2014，38(21)：127－135．

[18] 張全國，尤希鳳，張軍合．生物製氫技術研究現狀及其進展[J]．生物質化學工程，2006(1)：27－31．

[19] 孫鶴旭，李爭，陳愛兵，等．風電製氫技術現狀及發展趨勢[J]．電工技術學報，2019，34(19)：4071－4083．

[20] 崔洪，楊建麗，劉振宇，等．煤直接液化殘渣的性質與氣化製氫[J]．煤炭轉化，2001(1)：15－20．

[21] 丁福臣，易玉峰．製氫儲氫技術[M]．北京：化學工業出版社，2006．

[22] 陳軍，朱敏．高容量儲氫材料的研究進展[J]．中國材料進展，2009，28(5)：2－10．

[23] Li Chonghe, He Jin, Zhang Zhao, et al. Preparation of TiFe based alloys melted by CaO crucible and its hydrogen storage properties[J]. Journal of Alloys and Compounds, 2015, 618: 679－684.

[24] Sazali Norazlianie. Emerging technologies by hydrogen: A review[J]. International Journal of Hydrogen Energy, 2020, 45(38): 18753－18771.

[25] Chen Ping, Xiong Zhitao, Luo Jizhong, et al. Interaction of hydrogen with metal nitrides and imides[J]. Nature, 2002, 420(6913): 302－304.

[26] Zhang Zhao, Cao Hujun, Xiong Zhitao, et al. Can nitrogen－based

complex hydride be hydrogen isotope separation material[J]. Chemical Communications，2021，57(78)：10063－10066.

[27] Joshua Adedeji Bolarin，Zhang Zhao，Cao Hujun，et al. Room Temperature Hydrogen Absorption of Mg/MgH$_2$ Catalyzed by BaTiO$_3$ [J]. The Journal of Physical Chemistry C，2021，57(78)：10063－10066.

[28] Joshua Adedeji Bolarin，Zhang Zhao，Cao Hujun，et al. NaH doped TiO$_2$ as a high performance catalyst for Mg/MgH$_2$ cycling stability and room temperature absorption[J] . Journal of Magnesium and Alloys，2021. https：//doi. org/10. 1016/j. jma. 2021. 11. 005.

[29] 胡子龍. 儲氫材料[M]. 北京：化學工業出版社，2002.

[30] Zhang Zhao，Elkedim Omar，Ma Yangzhou，et al. The phase transformation and electrochemical properties of TiNi alloys with Cu substitution：Experiments and first－principle calculations[J]. International Journal of Hydrogen Energy，2017，42(2)：1444－1450.

[31] Zhang Zhao，Elkedim Omar，Balcerzak Mateusz，et al. Effect of Ni content on the structure and hydrogenation property of mechanically alloyed TiMgNi$_x$ ternary alloys[J]. International Journal of Hydrogen Energy，2017，42(37)：23751－
23758.

[32] Zhang Zhao，Elkedim Omar，Balcerzak Mateusz，et al. Structural and electrochemical hydrogen storage properties of MgTiNi$_x$ (x＝0. 1，0. 5，1，2) alloys prepared by ball milling[J]. International Journal of Hydrogen Energy，2016，41(12)：11761－11766.

[33] Ball Michael，Martin Wietschel. The future of hydrogen－opportunities and challenges[J]. International Journal of Hydrogen Energy，2009，34(2)：615－627.

[34] Richter T. M.，Niewa R. Chemistry of Ammonothermal Synthesis[J] . Inorganics 2014，2(1)：29－78.

[35] Dai Min，Lei Gangtie，Zhang Zhao，et al. Room Temperature Hydrogen

Absorption of V_2O_5 Catalyzed MgH_2/Mg. Acta Chimica Sinica[J]，2022，80(3)：303－309.

[36] Bolarin Joshua Adedeji，Zou Ren，Li Zhi，et al. MXenes for magnesium－based hydrides：A review[J]. Applied Materials Today，2022，29，101570.

[37] Dawood Furat，Martin Anda，G. M. Shafiullah. Hydrogen production for energy：An overview[J]. International Journal of Hydrogen Energy，2020，45(7)：3847－3869.

[38] 鄧安強，樊靜波，趙瑞紅. 儲氫材料的研究進展[J]. 化工新材料，2009，37(12)：8－37.

[39] 熊義富，敬文勇，張義濤. 納米Mg－Ni合金吸/放氫過程的熱力學性能研究[J]. 稀有金屬材料與工程，2007，36(1)：138－140.

[40] Zhang Zhao，Xing Fangyuan，Zhu Ming，et al. Vacuum Induction Melting of TiNi Alloys Using $BaZrO_3$ Crucibles[J]. Materials Science Forum，2013，765：316－320.

[41] 姜召，徐杰，方濤. 新型有機液體儲氫技術現狀與展望[J]. 化工進展，2012(1)：315－322.

[42] Shuo Yin，Zhao Zhang，Emmanuel J. Ekoi，Jingjing Wang，Denis P. Dowling，Valeria Nicolosi，Rocco Lupoi. Novel cold spray for fabricating graphene－reinforced metal matrix composites[J]. Materials Letters，2017，196：172－175.

[43] 孫文靜. 咔唑加脫氫性能研究[D]. 杭州：浙江大學，2012.

[44] 劉瑋，萬燕鳴，王雪穎，等. 國內外氫能產業合作新模式分析與展望[J]. 能源科技，2022，20(1)：61－67.

[45] Nikolaidis Pavlos，Andreas Poullikkas. A comparative overview of hydrogen production processes[J]. Renewable and sustainable energy reviews，2017，67：597－611.

[46] Silva Veras Tatiane，Thiago Simonato Mozer，Aldara da Silva César. Hydrogen：trends，production and characterization of the main

process worldwide[J]. International Journal of Hydrogen Energy, 42.4 (2017): 2018-2033.

[47] Juza R. Amides of the Alkali and the Alkaline Earth Metals[J]. Angewandte Chemie International Edition in English, 1964, 3(7): 471-481.

[48] Leng H, Ichikawa, T, Hino S, et al. Synthesis and decomposition reactions of metal amides in metal－N－H hydrogen storage system [J]. Journal of power sources, 2006, 156(2): 166-170.

[49] Zhang Zhao, Cao Hujun, Zhang Weijin, et al. Thermochemical transformation and reversible performance of Mg(NH$_2$)$_2$－NaMgH$_3$ system [J]. International Journal of Hydrogen Energy, 2020, 45(43): 23069-23075.

[50] Zhang Weijin, Zhang Zhao, Jia Xianchao, et al. Metathesis of Mg$_2$FeH$_6$ and LiNH$_2$ leading to hydrogen production at low temperatures[J]. Physical Chemistry Chemical Physics, 2018, 20(15): 9833-7.

[51] Kojima Y, Kawai Y. Hydrogen storage of metal nitride by a mechanochemical reaction[J]. Chemical Communications, 2004, 19, 2210-2211.

[52] Nunes H X, Ferreira M J F, Rangel C M, et al. Hydrogen generation and storage by aqueous sodium borohydride hydrolysis for small portable fuel cells (H$_2$－PEMFC)[J]. International Journal of Hydrogen Energy, 2016, 41(34): 15426-15432.

[53] 邵陽陽, 靳惠明, 俞亮, 等. Mo 掺雜 Co－B 非晶態合金的製備及催化硼氫化鈉水解製氫性能[J]. 材料導報, 2020, 34(2): 2063-2066.

[54] Majlan, E. H. STUDY OF HYDROGEN CONSUMPTION BY CONTROL SYSTEM IN PROTON EXCHANGE MEMBRANE FUEL CELL [J]. Malaysian Journal of Analytical Sciences, 2016, 20(4): 901-912.

[55] Sharao O. Z, Orhan M. F. An overview of fuel cell technology: Fundamentals and applications[J]. Renewable & Sustainable Energy Reviews, 2014, 32(5): 810-853.

[56] 李曉陽. 硼氫化鈉製氫燃料電池能量管理系統設計[D]. 哈爾濱: 哈爾濱工

業大學，2018.

[57] 王小煉，楊茂，劉永輝，等．非貴金屬催化劑催化硼氫化鈉水解製氫的研究進展[J]．材料導報，2021，35(S1)：21－28.

[58] 雷望．負載型 Co－Mo－B 催化劑的製備及催化硼氫化鈉水解製氫性能研究[D]．揚州：揚州大學，2022.

[59] 張釗，師菲芬，王超，等．一種高效可控的水解製氫系統[P]．中國專利：CN115763912A，2023－03－07.

[60] 羅瑞瓊，朱利香，彭衛韶，等．氫燃料電池能量轉換效率測試研究[J]．機械工程與自動化，2022，235(6)：7－9.

[61] Chinnappan A，Puguan J M C，Chung W J，et al. Hydrogen generation from the hydrolysis of sodium borohydride using chemically modioied multi-walled carbon nanotubes with pyridinium based ionic liquid and decorated with highly dispersed Mn nanoparticles[J]．Journal of Power Sources，2015，293：429－436.

[62] Achmad F，Kamarudin S K，Daud W R W，et al. Passive direct methanol fuel cells for portable electronic devices[J]．Applied Energy，2011，88(5)：1681－1689.

[63] 張鵬，李佳燁，潘原．單原子催化劑在氫燃料電池陰極氧還原反應中的研究進展[J]．太陽能學報，2022，43(6)：306－320.

[64] Rajasree Retnamma，A. Q. Novais，C. M. Rangel，et al. Kinetic modeling of self－hydrolysis of aqueous NaBH4 solutions by model－based isoconversional method[J]．International Journal of Hydrogen Energy，2014，39(12).

[65] Xiaofeng Wang，Shaorui Sun，Zili Huang，et al. Preparation and catalytic activity of PVP－protected Au/Ni bimetallic nanoparticles for hydrogen generation from hydrolysis of basic NaBH$_4$ solution[J]．International Journal of Hydrogen Energy，2014，39(2)：905－916.

[66] Xiao Wang，Yanchun Zhao，Xinglan Peng，et al. Synthesis and characterizations of CoPt nanoparticles supported on poly(3，4－ethylenedioxythiophene)/

poly(styrenesulfonate) functionalized multi-walled carbon nanotubes with superior activity for NaBH₄ hydrolysis[J]. Materials Science & Engineering B, 2015, 200：99-106.

[67] 溫福宇, 楊金輝, 宗旭, 等. 太陽能光催化製氫研究進展[J]. 化學進展, 2009, 21(11)：2285-2302.

[68] 常進法, 肖瑤, 羅兆艷, 等. 水電解製氫非貴金屬催化劑的研究進展[J]. 物理化學學報, 2016, 32(7)：1556-1592.

[69] 殷巧巧, 喬儒, 童國秀. 離子摻雜氧化鋅光催化納米功能材料的製備及其應用[J]. 化學進展, 2014, 26(10)：1619-1632.

[70] 楊宇, 吳緋, 馬建新. 載體對鎳催化劑催化乙醇水蒸氣重整製氫反應性能的影響[J]. 催化學報, 2005(2)：131-137.

[71] 李奇, 劉嘉蔚, 陳維榮. 質子交換膜燃料電池剩餘使用壽命預測方法綜述及展望[J]. 中國電機工程學報, 2019, 39(8)：2365-2375.

[72] 侯明, 衣寶廉. 燃料電池技術發展現狀與展望[J]. 電化學, 2012, 18(1)：1-13.

[73] 邵志剛, 衣寶廉. 氫能與燃料電池發展現狀及展望[J]. 中國科學院院刊, 2019, 34(4)：469-477.

[74] 劉應都, 郭紅霞, 歐陽曉平. 氫燃料電池技術發展現狀及未來展望[J]. 中國工程科學, 2021, 23(4)：162-171.

[75] 王雅, 王傲. 中高溫固體氧化物燃料電池發電系統發展現狀及展望[J]. 船電技術, 2018, 38(7)：1-5.

[76] 許世森, 張瑞雲, 程健, 等. 電解製氫與高溫燃料電池在電力行業的應用與發展[J]. 中國電機工程學報, 2019, 39(9)：2531-2537.

[77] 韓帥元, 岳寶華, 嚴六明. 基於膦酸基的高溫質子交換膜的研究進展[J]. 物理化學學報, 2014, 30(1)：8-21.

[78] 盧善富, 徐鑫, 張勁, 等. 燃料電池用磷酸摻雜高溫質子交換膜研究進展[J]. 中國科學：化學, 2017, 47(5)：565-572.

[79] Dodds Paul E, Iain Staffell, Adam D. Hawkes, et al. Hydrogen and fuel cell technologies for heating: A review [J]. International Journal of

Hydrogen Energy，2015，40(5)：2065－2083.

[80] Najjar, Yousef SH. Hydrogen safety：The road toward green technology[J]. International Journal of Hydrogen Energy，2013，38（25）：10716－10728.

[81] Glenk Gunther, Stefan Reichelstein. Economics of converting renewable power to hydrogen[J]. Nature Energy，2019，4(3)：216－222.

[82] Nistor Silviu, Saraansh Dave, Zhong Fan, et al. Technical and economic analysis of hydrogen refuelling[J]. Applied Energy，2016，167：211－220.

[83] 劉金朋，侯燾．氫儲能技術及其電力行業應用研究綜述及展望[J]．電力與能源，2020，41(2)：230－233.

[84] 高嘯天，鄭可昕，蔡春榮，等．氫儲能用於核電調峰經濟性研究[J]．南方能源建設，2021，8(4)：1－8.

[85] 曹軍文，張文強，李一楓，等．中國製氫技術的發展現狀[J]．化學進展，2021，33(12)：2215－2244.

[86] Holladay Jamie D, Hu Jianli, David L. King, et al. An overview of hydrogen production technologies[J]. Catalysis today，2009，139(4)：244－260.

[87] 張軒，樊昕曄，吳振宇，等．氫能供應鏈成本分析及建議[J]．化工進展，2022，41(5)：2364－2371.

[88] 程強．搭車氫能，"甲醇經濟"撲面而來[N]．中國石化報，2023－04－03(008).

[89] 徐文斌．高壓氫和液氫儲運氫能源消耗及成本分析[J]．吉林化工學院學報，2023，40(1)：5－9.

[90] 張朋程，楊潔．氫氣價格的影響因素及對策研究[J]．價格月刊，2022，(12)：22－29.

[91] 劉加軍，賈林海．引領能源結構跨時代變革[N]．中國冶金報，2022－09－23(001).

[92] 晉帥妮．綠色低碳　氫贏未來[N]．山西日報，2022－09－04(004).

[93] 宋鵬飛，侯建國，王秀林．基於有機物儲氫的國際氫供應鏈成本分析與降本策略[J]．天然氣化工－C1化學與化工，2022，47(5)：26－31.

· 171 ·

[94] 程諾，劉瀟瀟，曹勇．全球主要經濟體氫能戰略及項目布局特點分析[J]．石油石化綠色低碳，2022，7(2)：1－5．

[95] 楊澤萌．綠色氫能項目的風險分析與風險控制研究[J]．中國工程諮詢，2022，(3)：41－46．

[96] 李躍娟，趙梓茗，姚占輝，等．中國典型區域車用氫能源產業及經濟性分析[J]．北京工業大學學報，2022，48(3)：331－344．

[97] 徐進，董達鵬．"雙碳"戰略目標下新能源的投資策略與邏輯選擇[J]．新能源科技，2021，(12)：5－9．

[98] 陳成．氫能產業知識網絡結構對區域經濟增長的影響研究[D]．成都：西南財經大學，2022．

[99] 熊一舟．氫能經濟：一個沉重的飛輪[N]．社會科學報，2021－12－09(007)．

[100] 羅楠．國際社會氫能發展戰略分析[J]．上海節能，2021，(10)：1058－1061．

[101] 崔勇，王陽峰，王峰小．氫能經濟背景下煉化企業副產氫資源發展策略分析[A]//寧夏回族自治區科學技術協會．第十七屆寧夏青年科學家論壇石油石化專題論壇論文集．《石油化工應用》雜誌社，2021：479－480．

[102] 張雲龍，李志鵬，朱文哲．氫能加快布局　實現綠色轉型[N]．經濟參考報，2021－09－14(006)．

[103] 常宏崗．天然氣製氫技術及經濟性分析[J]．石油與天然氣化工，2021，50(4)：53－57．

[104] 王江濤，鹿曉斌．CO_2促進"甲醇經濟"與"氫經濟"共同發展[J]．現代化工，2021，41(7)：14－18＋25．

[105] 劉國偉．零碳經濟的市場新風口　氫能發展並非"氫"而易舉[J]．環境與生活，2021(5)：12－23．

[106] 師菲芬．"雙碳"目標背景下氫能移動電源價值創新策略[J]．企業科技與發展，2023(2)：12－14．

[107] 雷海濤．中國製氫產業技術路徑優化研究[D]．太原：太原理工大學，2021．

[108] 張軒，樊昕曄，吳振宇，等．氫能供應鏈成本分析及建議[J]．化工進展，2022，41(5)：2364－2371.

[109] 涂建軍．德國從能源轉型到2045氣候中性探索值得中國借鑑[J]．中國石化，2021(6)：75－79.

[110] 王祝堂．氫能經濟時代降臨[J]．輕合金加工技術，2021，49(5)：71.

[111] 余卓平．發展氫能，助力能源結構低碳轉型[N]．聯合時報，2021－03－30(003).

[112] 陳偉，郭楷模，岳芳，等．世界主要經濟體能源戰略布局與能源科技改革[J]．中國科學院院刊，2021，36(1)：115－117.

[113] 苗軍，郭衛軍．氫能的生產工藝及經濟性分析[J]．能源化工，2020，41(6)：6－10.

[114] 王睿佳．氫能利用前景看好　助推產業發展質效並舉[J]．中國電業，2020，(12)：19－21.

[115] 洪皓．煤炭製氫經濟適用性分析[J]．能源與節能，2020(12)：82－85.

[116] 魯東，郭洪範．以氫化鋰或氫化鎂為電動汽車能源的經濟可行性分析[J]．科技創新與生產力，2020(8)：41－43+48.

[117] 黃宣旭，練繼建，沈威，等．中國規模化氫能供應鏈的經濟性分析[J]．南方能源建設，2020，7(2)：1－13.

[118] 李留宇．國家電投氫能公司：以突破創新為中國氫能發展贏得自主權[J]．國際融資，2020(7)：16－18.

[119] 楊凡．中國氫能發展路徑的成本收益分析[D]．北京：中國石油大學，2020.

[120] 游雙矯．中石油為雄安新區供氫方式優化的研究[D]．北京：中國石油大學，2020.

[121] 葉召陽．淺談氫能技術和應用[J]．中國新技術新產品，2020(1)：29－30.

[122] 楊昌海，萬志，劉正英，等．氫綜合利用經濟性分析[J]．電器與能效管理技術，2019(21)：83－88.

[123] 王學軍，張永明．宇宙元素驅動氫能經濟[J]．氯鹼工業，2019，55(10)：9－16.

[124] 徐東，劉岩，李志勇，等．氫能開發利用經濟性研究綜述[J]．油氣與新能源，2021，33(2)：50－56．

[125] 王宇衛，盧海勇，孫培鋒，等．新能源製氫配置及經濟性研究[J]．電力與能源，2020，41(5)：610－613＋631．

[126] 劉宗巍，史天澤，郝瀚，等．中國燃料電池汽車發展問題研究[J]．汽車技術，2018(1)：1－9．

[127] 王賡，鄭津洋，蔣利軍，等．中國氫能發展的思考[J]．科技導報，2017，35(22)：105－110．

[128] 凌文，劉瑋，李育磊，等．中國氫能基礎設施產業發展戰略研究[J]．中國工程科學，2019，21(3)：76－83．